现代养猪前沿科技与实践应用丛书

Muzhu Picihua
Shengchan Guanli Jishu

母猪批次化
生产管理技术

U0255253

田见晖　刘　彦　翁士乔　————————　主编

中国农业出版社
农村读物出版社
北　京

图书在版编目（CIP）数据

母猪批次化生产管理技术 / 田见晖，刘彦，翁士乔主编 . — 北京 ：中国农业出版社，2022.9
（现代养猪前沿科技与实践应用丛书）
ISBN 978-7-109-29823-1

Ⅰ．①母… Ⅱ．①田… ②刘… ③翁… Ⅲ．①母猪－饲养管理 Ⅳ．① S828

中国版本图书馆 CIP 数据核字 (2022) 第 146839 号

母猪批次化 | Muzhu Picihua
生产管理技术 | Shengchan Guanli Jishu

中国农业出版社出版
地址：北京市朝阳区麦子店街18号楼
邮编：100125
责任编辑：王森鹤　周晓艳
责任校对：吴丽婷
印刷：北京缤索印刷有限公司
版次：2022年9月第1版
印次：2022年9月北京第1次印刷
发行：新华书店北京发行所
开本：700mm×1000mm　1/16
印张：12.25
字数：250千字
定价：120.00元

编写人员

主　编　　田见晖　中国农业大学

刘　彦　北京市农林科学院

翁士乔　宁波三生生物科技股份有限公司

副主编　　王　栋　中国农业科学院

李俊杰　河北农业大学

郭宗义　重庆市畜牧科学院

林　燕　四川农业大学

白佳桦　北京市农林科学院

秦玉圣　北京市农林科学院

参　编　　何县平　嘉吉动物营养（中国）有限公司

潘红梅　重庆市畜牧科学院

李璐洁　四川农业大学

孙志勇　宁波三生生物科技股份有限公司

杨远荣　宁波三生生物科技股份有限公司

崔贞亮　宁波三生生物科技股份有限公司

李　涛　宁波三生生物科技股份有限公司

叶　放　宁波三生生物科技股份有限公司

任广辉　宁波三生生物科技股份有限公司

江　勇　宁波三生生物科技股份有限公司

　　随着散养户的退出和规模场的增加，我国养猪业已经迈入规模化养殖时代。虽然我国生猪存栏量占世界总量的一半以上，是名副其实的养猪大国，但不是养猪强国。2017 年（非洲猪瘟发生前）我国每头母猪年提供上市肉猪 16 头，而欧盟平均为 26 头，其中丹麦为 32头；我国每千克出栏猪成本约 2 欧元，而美国、丹麦和德国分别约为 1.0、1.4 和 1.6 欧元。母猪繁殖效率低，生产成本高，成为制约我国猪场生产效率的突出问题。

　　另外，长期以来猪场实行的连续式繁殖生产模式，造成了不同繁殖状态的母猪混养，不同时间断奶的仔猪同舍混养，仔培猪舍与生长育肥猪舍无法实现猪群的全进全出。不同日龄猪的混养增加了疫病交叉感染风险，猪舍不能彻底消毒，严重影响猪场内部的疫病防控效果和生物安全水平。

　　为此，中国农业大学牵头组织国内拥有优势研发基础的高校、科研单位、兽药生产企业以及大型养猪企业，成立"全国母猪定时输精技术研发及产业化应用协作组"，开展母猪定时输精技术生产试验与国际交流，探索批次化生产模式，推动国内养猪业的生产工艺变革。基于产业对母猪定时输精及批次化生产技术的重大需求，由中国农业大学联合国内 14 家优势研发单位主持完成了"十三五"国家重点研发计划项目"畜禽繁殖调控新技术研发"。项目组研发了批次化生产的关键药物烯丙孕素，弥补了我国后备母猪性周期同步化的药物空白；通过研究母猪对不同生殖激素调控的应答效应及其机制，优化了母猪定时输精程序，结合同期分娩等技术，建立了母猪批次化生产工艺，制定了相应生产技术规范。同时，项目组在众多大型猪场开展了不同周批次化生产的技术示范应用，有效提高了母猪繁殖生产效率与猪场的生产管理水平，为增强猪场内生物安全奠定了良好基础。

本书一方面为读者系统介绍规模猪场母猪批次化生产模式，另一方面就批次化生产的关键技术进行重点解读。编者均为项目主要完成人，对关键技术掌握透彻，对生产的指导价值较大。在编写中力求图文并茂，让读者更容易理解，更便于指导生产操作。

由于编者水平有限，难免挂一漏万，敬请读者批评指正。

目录

+

Muzhu Picihua
Shengchan Guanli Jishu

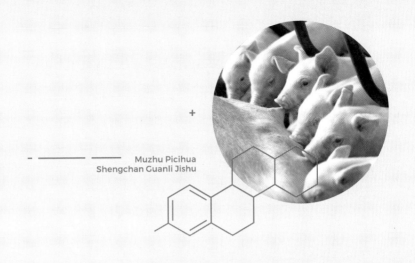

Muzhu Picihua
Shengchan Guanli Jishu

第一章
母猪批次化生产概况

全进全出养猪模式一直是养猪业追求的目标。随着猪人工授精、同期发情、定时输精、诱导同步分娩等繁殖调控技术相继成熟，养猪生产真正实现了全进全出，并迎来了批次化生产、流水线管理的工业化发展新时代。本章将重点介绍母猪批次化生产概念、管理目标、国内外发展历程及批次化生产的意义。

第一节
批次化生产的概念及管理目标

母猪批次化生产是实现我国养猪生产模式升级转型的必由之路，为养猪业实现工业化和智能化打下良好的基础。母猪批次化生产解决了仔猪生产的批次化问题，为后续保育和育肥各阶段生产的"全进全出"奠定了坚实基础。各猪场可根据繁殖指标、设施设备情况和管理特点，建立与猪场自身条件相适应的母猪批次化生产操作流程。

一、母猪批次化生产的概念

母猪批次化生产是根据猪场母猪繁殖生产周期和批次间隔将母猪群分成若干批次，对各批次参繁母猪采用繁殖同步化调控技术，实现同期发情、配种和分娩，使猪场实现"全进全出"批次化生产目标的母猪高效繁殖生产管理体系。

母猪批次化生产的特征：①以一定的批次间隔组织批次母猪生产，批次间隔通常1～5周，间隔的长短由每个批次产出足够数量的仔猪来设定，即在断奶下床后能装满整栋或一个单元保育舍的仔猪，以实现各饲养阶段猪舍的"全进全出"；②每批次分娩窝数的目标相对固定，保证各批次的均衡生产；③依据批次分娩目标组织各批次参繁母猪群，包括适量补充后备母猪等，并进行定时输精等繁殖同步化调控的处理。批次母猪绝大部分为上一生产周期的断奶母猪，且断奶母猪利用率越高，相对固定的母猪比例就越高，同时，根据断奶母猪利用率和批次母猪妊娠率指标，可提前3个月制订批次后备母猪补充计划，达到批次分娩目标和均衡生产，这也体现了批次化生产的工业化特征，即有计划地组织生产并达到目标产量。

批次化生产管理是一种高效可控的体系。其中，涉及同期发情、定时输精、妊娠诊断及同期分娩等主要繁殖调控技术，不同猪场可根据实际情况和需求适当取舍，并根据所采用的调控技术种类和数量，形成以定时输精技术为核心的精准式母猪批次化生产，以及不采用定时输精处理的简约式母猪批次化生产两种生产类型。

精准式母猪批次化生产以同期发情、定时输精技术为核心，母猪发情、卵泡发育和排卵高度同步化，结合妊娠诊断、同步分娩等技术，同批次母猪的配种和分娩均可集中在2～3d内完成，使批次化生产更加精准可控。而简约式母猪批次化生产不采用定时输精技术，仅对后备母猪和繁殖异常的母猪进行同期发情处理，同批次母猪配种时间为4～10d，结合妊娠诊断、同步分娩等技术，同批母猪可在5～7d内完成分娩，但常需要较高的后备母猪更新率才能实现批次分娩目标。

二、母猪批次化生产的管理目标

母猪批次化生产要实现工业化管理，并达到一定管理目标，必须做好以下几点：①要保证生产均衡，要控制每批产胎数，达到批产床数的 95%～105%，也要控制年产胎数，达到理论值 98% 以上，不仅要均衡，还要发挥最大产能；②每批仔猪日龄差要控制在 1.5d 以内，为精准营养管理打下基础；③要将母猪年更新率控制在 35%～45%，保证母猪群疫情稳定，充分发挥母猪的繁殖生产性能；④要确保批次间的清洁消毒干燥时间，阻断病原微生物的传播，达到疫病防控要求。

第二节
批次化生产的发展历程

随着社会分工的细化、猪场规模化、食品安全要求的提高，养猪业及人类生物安全形势越来越严峻，养猪生产模式亟须转变，而繁殖调控技术的不断发展，使母猪批次化生产和养殖全进全出模式成为可能。欧盟、美国和中国生猪出栏量约占全球的 75%，这些国家和地区的养猪业批次化生产经历了不同的发展历程。

一、欧盟批次化生产发展历程

（一）养殖规模

欧盟商品猪年出栏量约 2.2 亿头，养猪总量基本稳定，排名前 5 位的国家分别是德国、西班牙、荷兰、法国和丹麦。近年来，受猪场规模化发展大趋势影响，养猪户逐渐减少，场均饲养头数逐渐增加。但限于私人农场规模，总体养殖规模较小，罕有大型养猪场。其中，养猪数量最多的德国，2000 年有养猪场 14.1 万个，到 2010 年仅剩 5.9 万个，多是以家庭农场为单位的适度规模生产，饲养规模以 1 000～1 200 头居多，较大规模的工厂化养猪则以年出栏 5 000～10 000 头居多；至 2019 年，存栏 2 000 头以上能繁母猪的猪场仅有 2 个。养猪生产水平最高的丹麦，养猪场从 1960 年的 17 万个减少到 1987 年的 5 万个，平均存栏仅为 186 头；到 1994 年，存栏 5 001～10 000 头的猪场占比由 0.1% 增加到 1.5%，总饲养头数占比从 2.0% 增加到 14.1%。

（二）繁殖调控技术的研究

后备母猪同期发情是母猪批次化生产关注的重点，也是前提条件，一直是各国科学研究的焦点，德国是最早研究母猪同期发情和定时输精技术的国家。1969年，Polge 和 Day 在德意志民主共和国用甲基丙烯双硫尿（methallibure）阻止群体母猪卵泡发育，然后再用血促性素（PMSG）促进群体母猪卵泡发育，用绒促性素（hCG）促进排卵，取得了里程碑式的研究成果。1974，Hunter 在东欧和德意志民主共和国开始采用这一技术作为管理措施，达到了全进全出的目的，但后来发现甲基丙烯双硫尿具有一定致畸作用，于是，烯丙孕素成为同期发情新的研究对象。1984年烯丙孕素在欧盟获批生产，成功应用于后备母猪和繁殖异常母猪的同期发情，开始用于母猪批次化生产。1990年，德意志民主共和国110万头母猪中，86%采用定时输精技术（Brussow，2011），标志着母猪批次化生产技术成功进入推广应用阶段。德国作为欧盟的代表，引领了全球母猪批次化生产的技术研发与实践。

（三）批次化生产的应用

20世纪80年代，欧盟经济发展快速增长，猪场规模化程度小，生产方式落后，很多猪场需要提高劳动效率，解决生存危机。欧盟出现了以效率为导向的批次化生产，同时配套了配种、兽医、营养等社会化服务，大大提高了猪场的生产效率和劳动效率。欧盟由于地理位置优越，夏季热应激小甚至无热应激，再加上环境调控设施完善，自动化程度高，疫情防控压力小。所以，西班牙、荷兰、法国和丹麦等国家大部分采用简约式母猪批次化生产，每头母猪提供的断奶仔猪数（PSY）高，但后备母猪年更新率超过55%。而以德国为代表的国家，更强调批次生产的精准流程化管理，大部分采用定时输精技术，避免周末配种和分娩，提高员工福利，也不追求过多的PSY，经产母猪繁殖潜能得到充分发挥，后备母猪年更新率控制在40%左右，较大的选择空间也使后备母猪能取得较好的繁殖成绩。

欧盟总体以3～5周批生产模式为主，只有大规模猪场采用1周批。随着批次化生产技术的成熟和持续推进，批次间病原微生物的交叉污染得以有效遏制，猪群健康程度不断提高，经过20多年的努力，主要疫病也逐渐净化。2006年，欧盟又适时推出饲料中禁止添加抗生素的政策，批次化生产从效率导向型顺利过渡到猪群和人类生物安全导向型。

二、美国批次化生产发展历程

（一）养殖规模

美国商品猪年出栏量约1.1亿头，养猪总量每年略有增加。养猪地区主要集中在中北部环湖各州，以大型猪场为主。养殖户数量从20世纪60年代开始持续下降，从1985年到2005年，猪场数量从约64.7万个减少到6.9万个，进入21世纪以来，猪场数量下降趋势减缓，到2010年，降至69 100个，较2009年下降3%。其中，饲养规模在2 000头以上的猪场约占猪场总数的 12%，但生猪存栏量却占总存栏量的 86%，5 000 头以上规模猪场数量稳步上升，占猪场总数的 4.5%，生猪存栏量占总存栏量的 61%，年出栏 5 万头以上的大规模猪场占主导地位，这与美国以大型农场为主有关。

（二）繁殖调控技术的研究

早期，美国对母猪繁殖调控技术，尤其是定时输精技术并不重视。随着劳动力成本的大幅增加，美国也开始对定时输精技术进行研究，近年来，相关文献报道数量已超过德国，成为全球第一。美国甚至开展了断奶后第 4 天促排和 1 次定时输精技术研究，以节约更多劳动力。随着 1990 年食品药品监督管理局（FDA）批准在后备母猪使用烯丙孕素以来，美国也开展了母猪批次化生产实践。

（三）批次化生产的应用

美国的母猪批次化生产起步较晚，但随着特大型猪场的大幅增加，尤其是年出栏 5 万头以上的大规模养殖企业占主导地位后，来自生产管理和疫病防控两方面的压力越来越大，转变生产方式、降低死亡率、提高养殖效率，是其产业发展的必然选择。随着 FDA 批准在母猪使用烯丙孕素以来，开展了以疫病防控导向为主的母猪批次化生产。与欧盟相比，美国地理位置稍差，夏季有一定程度的热应激，但大部分采用简约式母猪批次化生产，并以 1 周批为主。经过 20 多年的努力，随着批次化生产技术成熟和持续应用，猪群健康程度得到一定改善，疫病逐渐得以控制和部分净化。但美国禁止应用抗生素可谓一波三折，FDA 曾在 2008 年就限制在畜牧生产中使用头孢菌素类抗生素，但在药品制造商、养殖户和兽医的联合抵制下，不得不撤销禁令。中国猪业（2012）报道，2011 年 5 月，美国多家环境及公共健康团体就禁止抗生素使用向纽约曼哈顿联邦法院提起了针对 FDA 的诉讼。面对压力，FDA于 2012 年 1 月 4 日，又重新推出了这项禁令，禁用动物包括牛、猪、鸡以及火鸡，执行时间自 2012 年 4 月 5 日起。但 2012 年 3 月 23 日，美国纽约曼哈顿联邦法院西奥多·卡茨法官作出判决，要求 FDA 禁止在动物饲料中使用常用抗生素，如果抗生素生产商不能证明其产品的安全性，FDA 就必须收回这些药物非治疗用途的使用许可。自此，美国正式开始禁止饲料中添加抗生素，批次化生产也从效率导向型向猪群和人类生物安全导向型转变。

三、中国批次化生产发展历程

（一）养殖规模

我国是全球养猪第一大国，商品猪年出栏量约 7 亿头。从 20 世纪 80 年代开始出现万头猪场以来，规模化程度逐年提高，散养户逐渐退出。2018 年出现非洲猪瘟疫情以后，规模化得到了飞速发展，2020 年全国排名前 32 位的公司出栏生猪达到 7 800 万头，2021 年这些公司出栏量进一步增加到 1.9 亿头，最大的公司出栏达 5 000 万头。这些公司的大部分猪场年出栏量与美国处于同一水平，都是超过 5 万头的超大型猪场，预计 2022—2025 年还将是我国规模化猪场快速发展期。

（二）繁殖调控技术的研究

2014 年，中国农业大学连同宁波三生生物科技有限公司率先开始了后备母猪同期发情和母猪定时输精技术的前期研究，并取得了一定成果。2016 年，中国农业大学牵头成立了全国母猪定时输精技术开发和产业化应用协作组，协作组联合全国的科研院校等研究机构以及大型养猪集团和动物生殖激素生产厂，通过国际交流、协作研究、共同推广等方式，促进了母猪定时输精技术的研究和推广应用。2017 年，母猪批次化生产技术研发在国家科技部重点研发计划成功立项。在项目支持下，宁波三生生物科技有限公司与中国农业大学共同进行烯丙孕素研发，并于 2018 年首次获批农业农村部新兽药。批次化生产核心药物的成功研发，奠定了批次化生产技术研发的药物基础。项目组又推动了国家兽药典委员会血促性素国家标准的升级，同时，通过可视化卵泡发育和排卵监测技术，建立了适合中国国情的两点查情式和发情促排式定时输精技术，大大提高了母猪利用率，极大地促进了母猪定时输精技术研究和产业化应用。

（三）批次化生产的应用

随着养猪规模化程度不断提高，我国规模猪场的疫病防控形势越发严峻。尤其是 2018 年非洲猪瘟开始流行，到 2021 年逐渐常态化，批次化生产是未来养猪业的出路已成为养猪界的共识。

我国母猪繁殖调控技术和药物的研究突破，为各种规模养猪企业的生产模式指明了方向，通过母猪批次化生产技术示范应用，精准式和简约式母猪批次化生产逐渐推广。很多新猪场建设都按批次化设计，建立了以效率为导向的精准式批次化生产。目前，我国处于非洲猪瘟常态化阶段，养猪业规模化又超常规发展，食品安全、猪群和人类生物安全形势严峻，我国政府高度重视。2012 年 5 月，国务院办公厅印发了《国家中长期动物疫病防治规划（2012—2020 年）》，该规划的重点是 2020 年种猪场猪繁殖与呼吸综合征、伪狂犬病、猪瘟得到净化，以促进商品猪场猪的健康养殖。2018 年 4 月，农业农村部办公厅下发《关于开展兽用抗菌药使用减量化行动试点工作的通知》，引导养殖场健康养殖，减少抗生素使用。2020 年 7 月，农业农村部发布《停止生产、进口、经营、使用部分药物饲料添加剂》的公告，禁止使用抗生素，保证食品安全和人类自身安全。但我国由于受地理条件限止，总体热应激强度大，持续时间长，尤其是长江以南地区；再加上疫情、饲料霉菌毒素污染、环境调控设施差等原因，必须创新具有我国特色的批次化生产模式，提高猪场健康管理水平，才能实现食品安全、公共卫生安全和生态安全的艰巨目标。

批次化生产的意义

与传统养猪模式相比，批次化生产使养猪业实现了全进全出的流水线式工业化管理，也奠定了今后智能化养猪的基础，对养猪业可持续发展具有重大意义。

一、有利于猪场产能达到最大化

实施母猪批次化生产，可使猪场管理者根据猪场种源基础、栏舍数量、技术及人力情况，有计划地、均衡地组织生产。理想状态下，批次化生产条件下的批分娩数可控，能实现95%～100%的批分娩目标和每头母猪年产2.4～2.5胎的目标，使猪场实现全年均衡生产，并达到最大产能，充分利用产房等固定资产，提高猪场整体效益。

二、有利于提升猪场生物安全管理水平

批次化生产中母猪分群组织生产，批次内母猪相对固定，既可减少不同批次母猪间接触，有利于防止病原微生物交叉感染，又可使同批次母猪免疫状态一致，有利于提高免疫合格率。母猪批次化生产也为哺乳仔猪、保育猪和育肥猪分群管理奠定了基础，保证了哺乳仔猪、保育猪和育肥猪免疫状态的一致性。通过母源抗体消长规律确定首免时间，建立合理免疫程序，也有利于提高免疫合格率。母猪批次化生产既可真正实现猪群全进全出，又能确保批次间的洗消时间，有利于阻断批与批之间猪群病原微生物的传播，也有利于大批量销售，减少断奶仔猪、保育猪、育肥猪的销售次数，降低猪场与场外接触频率，减小病原微生物的传入概率。母猪批次化生产使母猪年更新率可控，使胎次分布更合理，减少抵抗力差的后备和初产母猪的比例，提高母猪群整体健康水平，为实现食品安全、公共卫生安全和生态安全奠定了良好的基础。

三、有利于精准营养管理

母猪分群而相对固定，且批次群体大，有利于母猪的精准营养管理。同批次仔猪平均日龄差小、群体大，更有利于保育猪和育肥猪的精准营养管理。精准营养管理有利于提高母猪利用率，有利于减少保育猪和育肥猪饲料浪费，减小料重比，提高日增重，缩短饲养周期，对保证我国粮食安全也有重要意义。

四、有利于提高劳动效率，改善员工福利

与连续生产相比，母猪批次化生产的流程化管理使查情、配种和接产工作时间更集中，可减少查情和配种工作量，减少夜间接产工作量，也有利于免疫、去势、保健等工作安排。精准式母猪批次化生产与简约式生产方式相比，配种集中在 2～3d，接产也可集中在 3d 左右，并且上述重要工作时间可避开周末，保证工作人员的休息时间，有利于配种和接产工作人员的劳动组合，同时有利于安排员工轮休。因此，批次化生产有利于提高劳动效率，改善员工福利，为猪场解决今后谁来养猪的难题创造条件。

第二章
母猪生殖生理基础

　　生殖激素直接作用于生殖活动并调控生殖过程。生殖激素与其他激素、体液相互协调引起生殖活动的有序发生。了解母猪生殖活动过程中的各种生理现象及规律，是对其生殖活动进行干预的理论基础。本章重点介绍母猪生殖器官及其生理功能、母猪生殖机能的调节器官及其生理功能、母猪生殖激素及其作用、母猪繁殖活动的激素浓度变化以及受精与胚胎发育，为母猪批次化生产提供理论依据。

第一节
母猪生殖器官及其生理功能

母猪生殖器官分为内生殖器官和外生殖器官。内生殖器官由性腺（卵巢）和生殖道（输卵管、子宫、阴道）构成（图2-1）；外生殖器包括尿生殖前庭、阴唇、阴蒂。

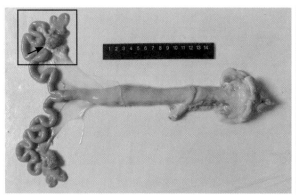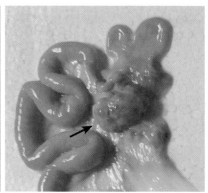

图 2-1 母猪生殖系统
注：箭头所示为卵巢

一、卵巢

成年未孕母猪的卵巢在没有较大卵泡和黄体时，其形态、体积和位置变化较小，但会随着分娩次数的增多而发生较大变化。

（一）卵巢形态和结构

卵巢的形态及大小随着猪日龄增长而发生变化，初生仔猪的卵巢类似肾脏，表面光滑，一般左侧稍大，约为 5mm×4mm，右侧约为 4mm×3mm；接近初情期时，卵巢增大至 2cm×1.5cm，出现许多突出于表面的小卵泡和黄体，形似桑葚；初情期开始后卵巢上有大小不等的卵泡、红体或黄体突出于卵巢的表面，近似一串葡萄（图2-1）。

猪的卵巢组织分为皮质和髓质，两者的基质都是结缔组织。皮质内含有卵泡、红体、黄体和白体。由于卵巢外表无浆膜覆盖，故卵泡可在卵巢的任何部位排卵，排卵后血液进入卵泡腔凝集形成红体。随后，残留在卵泡内的颗粒细胞和卵泡内膜细胞增殖、分化形成黄体，黄体退化后被结缔组织代替而形成白体。皮质部的结缔组织含有许多成纤维细胞、胶原纤维、网状纤维、血管、淋巴管、神经和平滑肌纤维。接近皮质表面的结缔组织细胞排列与卵巢表面基本平行，与靠近髓质处的结缔组织细胞相比略为致密，故称为白膜。白膜外表覆盖生殖上皮。髓质内含有许多细小的血管和神经，它们由卵巢门出入，所以卵巢门上没有皮质。血管分为小支进入皮质，并在卵泡膜上构成血管网。

（二）卵巢功能

1. 卵泡发育和排卵　卵巢皮质部分布有许多原始卵泡。原始卵泡是由一个卵母细胞和周围单层卵泡细胞构成，经过次级卵泡、生长卵泡和成熟卵泡阶段，最终排出卵子。排卵后形成黄体。

2. 分泌雌激素和孕酮　在卵泡发育过程中，包围在卵泡细胞外的两层卵皮质基质细胞形成卵泡膜。卵泡膜分为血管性的内膜和纤维性的外膜。内膜细胞分泌雌激素，达到一定水平的雌激素才能引起母猪发情。排卵之后，在原排卵处颗粒膜形成皱襞，增生的颗粒细胞形成索状，从卵泡腔周围辐射延伸到腔的中央形成黄体。黄体细胞分泌的孕酮（P4）是维持妊娠所必需的激素。

二、输卵管

（一）输卵管形态和结构

输卵管是卵子进入子宫的必经通道，包在输卵管系膜内，形状弯曲，长为 15～30cm。输卵管的前 1/3 段较粗，称为壶腹部。其余部分较细，称为峡部。壶腹部和峡部连接处称为壶峡结合部。靠近卵巢端扩大呈漏斗状，称为漏斗部。漏斗部的边缘形成许多皱襞，称为伞。伞的一处附着于卵巢的上端，漏斗部的中心有输卵管腹腔口，与腹腔相通，主要接纳卵巢排出的成熟卵子。输卵管的后端（子宫段）有输卵管子宫口，与子宫角相通，称为宫管结合部。

（二）输卵管功能

1. 接纳并运送卵子　卵巢排出的卵子先被输卵管伞部接纳，然后借助输卵管黏膜柱状细胞纤毛的活动将其运送到漏斗部和壶腹部。通过输卵管分节运动及逆蠕动、黏膜及输卵管系膜的收缩，以及纤毛摆动引起的液流活动，卵子通过壶腹部的黏膜皱襞被运送到壶峡结合部。

2. 精子获能、卵子受精及卵裂的场所　精子进入母猪生殖道后，首先在子宫内获能，然后在输卵管内完成获能的整个过程。另外，卵子的受精和卵裂也是在输卵管中进行。

3. 分泌机能　输卵管黏膜上皮的分泌细胞在卵巢激素的影响下分泌量变化较大。母猪发情时分泌物增多，分泌物 pH 为 7～8，包含各种氨基酸、葡萄糖、乳酸、黏蛋白及黏多糖，是精子、卵子及早期胚胎的培养液。输卵管及其分泌物的生理生化变化是精子和卵子正常运行、结合，以及合子正常发育及运行的必要条件。

三、子宫

（一）子宫的形态和结构

母猪的子宫可分为子宫角、子宫体和子宫颈三部分。子宫角长 1～1.5m，宽 1.5～3cm，形成很多弯曲，形似小肠；但子宫角管壁较厚，且两子宫角基部之间的纵隔不明显。从子宫颈前端到子宫基部为子宫体，子宫体长 3～5cm，子宫黏膜也形成皱襞，充塞于子宫腔。猪子宫颈与阴道界限不明显，长 10～18cm。子宫颈内壁有左右两排彼此交错的半圆形突起，中部的较明显。子宫颈后端逐渐过渡为阴道，没有明显的阴道部。母猪发情时子宫颈开放，所以给猪输精时，很容易将输精管通过子宫颈插入子宫体内。

子宫的组织结构从内向外由黏膜、肌层及浆膜组成。黏膜由上皮和固有膜构成。上皮为柱状细胞，上皮下陷进入固有膜内构成子宫腺。固有膜也称为基质膜，非常发达，内含大量淋巴、血管和子宫腺。子宫腺为简单、分支、盘曲的管状腺。子宫腺以子宫角最为发达，子宫体较少。在子宫颈，只在皱襞之间的深处有腺状结构，其余部分为柱状细胞，可分泌黏液（母猪发情时，分泌的黏液稀薄，透明；妊娠后分泌的黏液浓稠，可以封闭子宫颈口，保护胎儿免受外界污染）。肌层外层薄，为纵行肌纤维；内层厚，为螺旋形的环状肌纤维。子宫颈肌为括约肌，其内层较厚，且富有致密的胶原纤维和弹性纤维，是子宫颈皱襞的主要构成部分；内外层交界处有交错的肌束和血管网。子宫浆膜与子宫阔韧带的浆膜相连接。

（二）子宫的功能

1. 运送精子和胎儿娩出　发情时，子宫借助肌纤维的收缩作用运送精液，使精子超越本身的运行速度而通过宫管连接部进入输卵管。分娩时，子宫以强有力的阵缩将胎儿排出子宫。

2. 精子获能和胎儿发育的场所　在母猪发情期和妊娠期，子宫内膜的分泌物、渗出物以及内膜细胞代谢物既可为精子提供获能环境，又可为孕体（囊胚到附植）提供营养。在妊娠期间，子宫内膜形成母体胎盘，与胎儿胎盘结合后，既有利于胎儿与母体间营养物质的交换，又可作为胎儿机体代谢产物的排泄器官。

3. 调控卵巢机能　发情季节，如果母猪未妊娠，在发情周期的第 13 天，子宫角内膜分泌的前列腺素（$PGF_{2\alpha}$）使同侧卵巢的周期黄体溶解，黄体机能减退，解除孕激素对丘脑下部的负反馈作用，促进垂体分泌大量促卵泡素，引起卵泡生长发育成熟，母猪进入下一个发情周期。

4. 选择精子 子宫颈是精子的选择性储存库。子宫颈黏膜分泌的黏液中含有微胶粒并呈放射状排列，可引导一些精子进入子宫颈黏膜隐窝内。同时，子宫颈还具有过滤缺损和不活动精子的功能，是防止过多精子进入受精部位的第一道屏障。

此外，母猪发情时子宫颈口稍微开张，以利于精子进入，同时子宫颈腺体分泌大量黏液，润滑阴道，有利于交配。妊娠时，子宫颈柱状细胞分泌黏液堵塞子宫颈管腔，形成子宫颈栓，防止外界异物侵入而引发感染。临近分娩时，宫颈括约肌开张、子宫颈口增大有助于胎儿排出。

四、阴道

阴道位于骨盆腔内，背侧为直肠，腹侧为膀胱和尿道。猪阴道长为 10～15cm，既是母猪的交配器官，又是胎儿娩出通道，同时也是子宫颈、子宫黏膜和输卵管分泌物的排出管道。阴道的生化和微生物环境能保护上生殖道免受微生物的入侵。

阴道在繁殖过程中既是交配器官，也是精子的储存器官；阴道的生化和微生物环境能保护生殖道免遭微生物侵害；阴道可通过收缩、扩张、复原、分泌和吸收等功能，排出生殖道内分泌物；同时阴道也是分娩时的产道。

五、外生殖器

（一）尿生殖前庭

尿生殖前庭为从阴瓣到阴门裂的部分，前高后低，稍倾斜。猪的尿生殖前庭自阴门下联合至尿道外口，长 5～8cm。在尿生殖前庭两侧壁的黏膜下层有前庭大腺，为分支管状腺，发情时分泌增强。

（二）阴唇

阴唇分左右两片，构成阴门，其上下端联合形成阴门的上下角，阴门下角呈锐角。两片阴唇间的开口为阴门裂。阴唇的外面是皮肤，内为黏膜，二者之间有阴门括约肌及大量结缔组织。

（三）阴蒂

阴蒂由两个勃起组织构成，相当于公猪的阴茎，可分为阴蒂脚、阴蒂体和阴蒂头三部分。阴蒂脚附着在坐骨弓的中线两旁。阴蒂头相当于龟头，富含感觉神经末梢，位于阴唇下角的阴蒂凹陷内。

第二节
母猪生殖机能的调节器官及其生理功能

母猪繁殖器官的发育和机能的建立，以及繁殖过程和繁殖行为等受外界因素（光照、温度等）的影响，中枢神经系统感受这些外界刺激并作出反应，进而调节母猪内分泌机能和繁殖行为。

一、大脑边缘系统

大脑边缘系统是大脑皮层的周边部位一系列互相连接的神经核团，包括大脑边缘叶的皮质及皮质下核、边缘中脑区和边缘丘脑核等部分。边缘系统与猪的行为、内分泌、血压、体温和内脏活动等有关，同时也是猪繁殖机能的高级控制中枢，与促性腺激素的释放以及性成熟、性行为等都有密切关系。

二、下丘脑

下丘脑又称丘脑下部，是调节繁殖活动的直接中枢。下丘脑包括第三脑室底部和部分侧壁。解剖学上，下丘脑由视交叉、乳头体、灰白结节和正中隆起组成，底部突出以垂体柄环绕垂体相连。下丘脑组织构造可分为两侧的外侧区和中间的内侧区，两区均含有大量神经核。外侧区的神经核群统称为下丘脑外侧核，内侧区的神经核群包括前组、结节组、后组。结节组又称促垂体区，是神经内分泌的主要区域。下丘脑的神经分泌小细胞能合成调节腺垂体激素分泌的肽类化学物质，称为下丘脑调节肽。这些调节肽在合成后即经轴突运输并分泌到正中隆起，由此经垂体门脉系统到达腺垂体，促进或抑制促性腺激素释放。

三、垂体

垂体位于大脑基部被称为蝶鞍的骨质凹内，故又称脑下垂体，主要由前叶、后叶及中叶组成，是主要的生殖内分泌腺体，可分泌多种激素调控母猪繁殖活动。猪垂体中叶发育程度很低；垂体前叶主要是腺体组织，又称腺垂体，已知腺垂体分泌的激素有七种：生长激素、催乳素、促黑素、促甲状腺激素、促肾上腺皮质激素以及促性腺激素；垂体后叶主要为神经部，称为神经垂体，其不含腺体细胞，不能合成激素。但下丘脑视上核、室旁核产生贮存于神经垂体的升压素（抗利尿激素）与催产素（OXT），在适宜的刺激作用下，这两种激素由神经垂体释放进入血液循环并发挥作用。

四、其他组织和器官

卵巢卵泡分泌的雌激素、孕激素通过正、负反馈作用于下丘脑和垂体，对母猪繁殖行为、繁殖器官等进行调控。子宫可分泌 $PGF_{2\alpha}$ 溶解卵巢黄体，促进子宫肌收缩，参与启动分娩、调控母猪发情周期等活动。胎盘，松果体等组织器官所分泌的激素均在不同程度、不同范围参与调控动物繁殖机能。

第三节
母猪生殖激素及其作用

母猪的生殖活动在生殖激素的精准调控下有顺序发生，并使相关组织和器官发生相应变化。根据来源和功能可将激素主要分为来自下丘脑的促性腺激素释放激素，调控垂体有关激素的释放；来自垂体前叶的促性腺激素，调控卵子的成熟、释放及性腺激素的分泌；来自垂体后叶的催产素，调控子宫的收缩和乳腺的排乳；来自性腺的性腺激素，对两性行为、生殖器官的发育和维持，以及母猪繁殖周期的调节具有重要作用。

一、促性腺激素释放激素

（一）合成和分布

促性腺激素释放激素（gonadotrophin releasing hormone，GnRH）主要由下丘脑特异性神经核合成。GnRH 神经元的细胞位于下丘脑的视前区、前区和弓状核。其轴突集中于正中隆起，合成的 GnRH 在此处以脉冲方式释放到垂体门脉系统。此外，在脑干、杏仁核等下丘脑以外的神经组织中也存在 GnRH 神经纤维。研究还发现，GnRH 在整个脑区均有分布，在松果体、视网膜、性腺、胎盘、肝脏、消化道及颌下腺等多种器官的组织中存在 GnRH 或 GnRH 样物质。

（二）化学结构

自 20 世纪 70 年代分离哺乳动物的 GnRH 并确定其分子结构以来，至今已在脊椎动物中发现了 9 种 GnRH 分子结构的变异型，所有 GnRH 分子均为十肽，其中第 1～4 位氨基酸（N 端）和第 9、10 位氨基酸（C 端）高度保守，而第 8 位氨基酸变动最大，其次是第 5、

7 和 6 位氨基酸。在 GnRH 分子中，N 端的焦谷氨酸含有内酰胺键，因而没有游离氨基端；C 端的甘氨酸形成酰胺结构，因而也没有游离的羟基端。

GnRH 在体内极易失活，因为肽链中第 6 和 7 位、第 9 和 10 位氨基酸之间的肽键极易被裂解酶分解。此外，第 5 和 6 位氨基酸之间的肽键也不稳定。用 D 氨基酸（赖氨酸、色氨酸、甘氨酸等）置换第 6 位的甘氨酸，或去掉第 10 位的甘氨酸后于第 9 位的脯氨酸连接乙酰胺，即合成各种 GnRH 高活性类似物，如国产的 LRH-A3 和国外的 Buserelin（又称 Receptal）等，其生物活性比天然 GnRH 高数十倍，甚至数百倍。相反，用 D 氨基酸取代第 6 位以外的 L 氨基酸，则合成 GnRH 颉颃类似物或颉颃剂。

（三）生理作用

GnRH 的主要作用是促进垂体前叶促性腺激素的合成和释放，以释放促黄体素（luteinizing hormone，LH）为主，也有释放促卵泡素（follicle-stimulatin hormone，FSH）的作用。然而，长时间或大剂量应用 GnRH 及其高活性类似物，会出现抗生育作用，即抑制排卵、延缓胚胎附植、阻碍妊娠甚至引起性腺萎缩。这种作用与 GnRH 本来的生理作用相反，故称为 GnRH 的异相作用。

肽类激素的受体存在于靶细胞的细胞膜上。在垂体促性腺激素分泌细胞的细胞膜上存在着分子质量约 100 ku 的 GnRH 受体。当 GnRH 与受体结合后，改变细胞功能，引起促性腺激素的合成和释放。

（四）GnRH 分泌的调节

GnRH 分泌细胞（肽能神经元）活动的调节可分为两类，一类属于神经调节，另一类属于体液（激素）调节。

1. 神经调节 内外环境的变化反映到高级神经中枢，其神经末梢与 GnRH 神经元的胞体或树突形成突触联系，通过释放神经递质，调节 GnRH 的分泌。

2. 体液（激素）调节 有 3 种反馈机制：①性腺类固醇通过体液途径作用于下丘脑，调节 GnRH 的分泌，即长反馈调节；②垂体促性腺激素通过体液途径对下丘脑分泌 GnRH 进行调节，称为短反馈调节；③血液中 GnRH 浓度对下丘脑的分泌活动也有调节作用，称为超短反馈调节。

（五）GnRH 的应用

GnRH 及其类似物的大量合成，已在母猪生产上得到广泛应用。
（1）诱导母猪发情、排卵。
（2）母猪定时输精技术。

二、催产素

催产素 (oxytocin, OXT) 是由下丘脑合成，经神经垂体释放进入血液的一种神经激素，是第一个被测定出分子结构的神经肽 (图 2-2)。

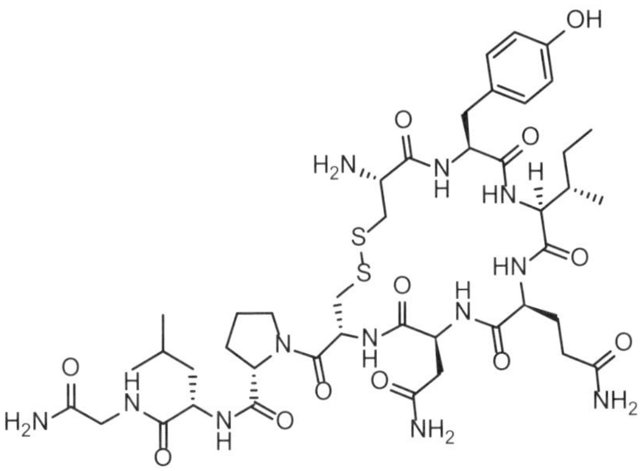

图 2-2　催产素的分子结构

（一）合成和转运

在下丘脑视上核和室旁核含有两种较大的神经元，一种合成 OXT，另一种合成加压素。这些神经元被称为大型神经内分泌细胞或大细胞神经元。此外，在视上核和室旁核以外还存在一些附属的神经元群，其中也含有合成 OXT 和加压素的大细胞神经元。由视上核、室旁核以及附属神经元群发出的神经纤维共同组成下丘脑神经垂体束，又因其中来自视上核的纤维较多而被称为视上垂体束，其末梢终止于垂体后叶。OXT 和加压素在这些大细胞神经元胞体中合成，以轴浆流动的形式经视上垂体束转运到垂体后叶。在合成 OXT 和加压素的同时，视上核和室旁核的大细胞神经元也合成两种激素的运载蛋白。OXT 运载蛋白专一性地运载 OXT，加压素运载蛋白也具有激素专一性。这两种运载蛋白都存在属特异性。研究发现，在下丘脑以外的许多脑区脑脊液以及脊髓中也存在 OXT、加压素及其相关运载蛋白。在卵巢、子宫等部位也产生少量 OXT。

（二）化学结构

OXT 是含有一个二硫键的九肽化合物。在第 1～6 位氨基酸之间以二硫键相连形成一个闭合的二十元环，在 C 端有一个三肽尾巴。

（三）生理作用

1. 对子宫的作用　分娩过程中，OXT 刺激子宫平滑肌收缩，促进分娩。发情配种过程中，

OXT 刺激子宫平滑肌收缩，促进精子输送。

2. 对乳腺的作用　OXT 能强烈地刺激乳腺导管肌上皮细胞收缩，引起排乳。

3. 对卵巢的作用　卵巢黄体局部产生的 OXT 可能有自分泌和旁分泌调节作用，促进黄体溶解（与子宫 $PGF_{2\alpha}$ 相互促进）。

（四）OXT 分泌的调节

OXT 分泌一般是神经反射式。母猪在分娩时，由于子宫颈受到牵引或压迫，反射性地引起 OXT 释放。在哺乳期间，仔猪吮乳对乳头刺激也能反射性地引起垂体释放 OXT。在发情时，公猪刺激能反射性地引起垂体释放 OXT。此外，雌激素能促进 OXT 及其运载蛋白释放，也可促进血液中 OXT 的分解代谢。

（五）OXT 的应用

OXT 可促进母猪分娩、精子输送，以及治疗胎衣不下、产后子宫出血和子宫积脓等。

三、促性腺激素

促性腺激素主要包括垂体前叶分泌的促卵泡素（follicle-stimulating hormone, FSH）和促黄体素（luteinizing hormone, LH）。

（一）结构和化学特性

1.FSH 的结构和化学特性　FSH 是一种糖蛋白激素，分子质量约为 30ku。促卵泡素分子是由非共价键结合的 α 和 β 两个亚基组成的异质二聚体。其生物学活性与 pH 有关，即酸性越弱，生物学活性越强。寡糖基团还与激素在血液中的清除率（半衰期）有关。

2. LH 的结构和化学特性　LH 也是一种糖蛋白激素，分子质量约 30ku，由 α 和 β 个亚基组成。同一种动物 α 亚基与促卵泡素亚单位氨基酸顺序相同；β 亚基则决定激素的特异性。

（二）合成和释放

促性腺激素在 GnRH 有节律的刺激下，于垂体前叶合成和释放。促性腺激素最初以较大的前体形式合成，然后酶解，去除不必要的氨基酸序列，合成后再加上寡糖，最后寡糖本身又被修饰。α 和 β 亚单位组装成最终产物。当 α 亚单位过量产生时，最有利于 α 和 β 亚单位的组装，但机制尚不清楚。

一般来说，垂体和胎盘分泌的促性腺激素一旦进入血液循环就不再被修饰，保持与合成、分泌时同样的分子形式。80%～90% 促性腺激素在体内降解，只有少量从尿中排出。

（三）生理作用

1.FSH 的生理作用　促卵泡素能够促进卵巢卵泡的生长，促进卵泡颗粒细胞的增生和雌激素合成和分泌，刺激卵泡细胞上 LH 受体产生。

2. LH 的生理作用　促进卵泡的成熟和排卵；刺激卵泡内膜细胞产生雄激素（为颗粒细胞合成雌激素提供前体物质）；促进排卵后的颗粒细胞黄体化，维持黄体细胞分泌 P4。

（四）促性腺激素分泌的调节

1.FSH 分泌的调节　FSH 的分泌是脉冲式的。促卵泡素的合成和分泌受下丘脑 GnRH 和性腺激素的调节。来自下丘脑的 GnRH 脉冲式释放经垂体门脉系统进入垂体前叶，促进促卵泡素的合成和分泌。而来自性腺的类固醇激素则通过下丘脑对促卵泡素的释放呈负反馈抑制作用。FSH 基础分泌对于性腺类固醇负反馈的反应性比 LH 更强。性腺抑制素则是抑制促卵泡素分泌的另一因素。许多哺乳动物在排卵后 FSH 分泌突然上升，在黄体期也有促卵泡素小高峰出现，这是由于雌激素和抑制素下降造成的。

2. LH 分泌的调节　LH 的基础分泌呈脉冲式。脉冲的频率和振幅因动物种类和生理状态而异。LH 的脉冲式分泌首先受下丘脑 GnRH 的调节。GnRH 作用于腺垂体细胞，引起 LH 的合成和释放。下丘脑持续中枢控制 LH 的基础分泌。在多数生理条件下，LH 脉冲与 GnRH 脉冲是一致的。然而，当 GnRH 脉冲频率极高时，如排卵前 GnRH 峰或药理性刺激，LH 脉冲将由于基础浓度的增加而钝化。当垂体对 GnRH 的反应性低时，LH 脉冲与 GnRH 脉冲的关系也不明显。大剂量或连续注射 GnRH 导致垂体的反应进行性下降，这种现象称为去敏作用，动物在自然生理条件下不存在这种作用。

另一种调节 LH 分泌的机制是反馈调节。E2、P4 可降低下丘脑 GnRH 脉冲释放频率，从而降低 LH 脉冲频率，形成负反馈。然而，在发情周期中，经过最初的抑制阶段后，在卵泡发育后期，卵泡分泌的雌激素作用于下丘脑周期中枢发挥正反馈作用，引起 GnRH 大量分泌，产生排卵前 LH 峰。

（五）促性腺激素的应用

1. FSH 的应用　通常用于母猪超数排卵，此外，在诱发排卵以及治疗性欲缺乏、卵泡发育停滞和持久黄体等方面也有应用。

2. LH 的应用　常用于诱导排卵、治疗黄体发育不全和卵巢囊肿等。一般先用 PMSG 或促卵泡素刺激卵泡发育，然后注射 LH 或人绒毛膜促性腺激素（hCG）促进排卵。

四、性腺激素

卵巢除产生卵子外，另一个重要的功能就是作为内分泌腺合成和分泌性腺激素。性腺激素包括两大类：性腺类固醇激素和性腺多肽类激素。其中，雌激素和孕激素等是主要的性腺类固醇激素。

（一）雌激素

1. 雌激素的来源　卵巢、胎盘、肾上腺以及睾丸等都分泌雌激素，其中卵巢分泌量最高。卵巢内雌激素主要由卵泡颗粒细胞分泌。卵泡在 LH 的作用下，卵泡内膜细胞产生睾酮，进入颗粒细胞；FSH 刺激颗粒细胞芳香化酶活性，在该酶的催化下睾酮转化成雌二醇（E2）（图 2-3）。在睾丸中，LH 刺激间质细胞产生睾酮，进入精细管中的足细胞内，在促卵泡素刺激下足细胞内的睾酮转化成 E2。在卵巢和睾丸中产生雌激素的这种模式称为双细胞 - 双促性腺激素模式。

卵巢中产生的雌激素包括 E2 和雌酮，两者可以互相转化（17- 羟类固醇脱氢酶催化）。雌酮又可以转化成雌三醇。除天然雌激素外，已人工合成了许多雌激素制剂，如己烯雌酚、雌酚、苯甲酸雌二醇等。

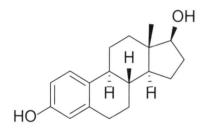

图 2-3　雌二醇的分子结构

2. 雌激素的生理作用　雌激素是雌性动物性器官发育和维持正常雌性机能的主要激素。E2 是主要的功能形式，有以下主要生理作用。

（1）雌激素促进雌性动物的发情表现和生殖道生理变化。例如，促使阴道上皮增生和角质化；促使子宫颈管道松弛并使其黏液变稀薄；促使子宫内膜及肌层增长，刺激子宫肌层收缩；促进输卵管的增长并刺激其肌层收缩。这些变化有利于交配、受精和配子运行。雌激素刺激子宫内膜合成和分泌 $PGF_{2\alpha}$，使黄体溶解，解除卵泡发育抑制，引发发情。

（2）雌激素作为母猪妊娠信号，由胚胎分泌，并且优势胚胎分泌的雌激素可抑制近距离弱势胚胎的发育和附植，有利于早期优势胚胎附植和妊娠的建立，有利于减少弱仔数，提高仔猪的均匀度。

（3）E2 与促乳素协同作用，促进乳腺导管系统发育。

（4）雌激素通过对下丘脑的反馈作用调节 GnRH 和促性腺激素分泌，E2 的负反馈作用部位在下丘脑的持续中枢，正反馈作用部位在下丘脑的周期中枢(引起排卵前 LH 峰)。因此，雌激素在促进卵泡发育、调节发情周期中起重要作用。

3. 雌激素制剂的应用　有多种雌激素制剂在生猪生产上应用，其中最常用的是苯甲酸雌二醇。

（1）治疗母猪乏情。注射己烯雌酚或 E2 可使雌性动物表现发情，但不一定引起排卵，故受孕率低。

（2）治疗母猪持久黄体。通过诱导 PG 的合成引起黄体退化发情。

（3）利用雌激素制剂进行子宫内膜炎的辅助治疗。

（二）孕激素

1. 孕激素的来源　孕激素（图 2-4）主要来源于卵巢的黄体细胞。此外，肾上腺、卵泡颗粒细胞和胎盘等也分泌孕激素。孕酮（P4）是雌激素和雄激素的共同前体，同时也是活性最高的孕激素。

P4 是产生盐皮质激素、糖皮质激素和雄激素必需的代谢前体。作为一种激素，只有排卵后的卵巢黄体细胞和妊娠期间胎盘的滋养层细胞能够产生 P4。卵巢产生 P4 需要促性腺激素介导的卵泡成熟、颗粒细胞转化成黄体细胞，以及持续的 LH 刺激。

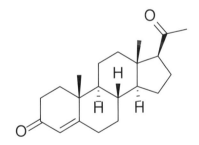

图 2-4　孕激素的分子结构

2. 孕激素的生理作用　孕激素和雌激素作为雌性动物的主要性激素，共同作用于雌性生殖活动，两者在血液中的浓度是此消彼长。P4 的主要靶组织是生殖道和下丘脑垂体轴。总体来说，P4 对生殖道的作用主要是维持妊娠。P4 对生殖道的作用需要雌激素的预作用，雌激素诱导 P4 受体产生；相反，P4 降低调节 E2 受体，阻抗雌激素作为促有丝分裂因子的许多作用。孕激素的主要生理作用有以下几个方面。

（1）在黄体期早期或妊娠初期，孕激素促进子宫内膜增生，使腺体发育、功能增强，以利于胚胎附植。

（2）在妊娠期间，孕激素抑制子宫的自发活动，降低子宫肌层的兴奋作用，还可促进胎盘发育，维持正常妊娠。

（3）大量 P4 抑制性中枢使母猪无发情表现，但少量 P4 与雌激素协同作用可促进发情表现。母猪的第一个情期（初情期）有时表现安静排卵，可能与 P4 的缺乏有关。

（4）与促乳素协同作用，促进乳腺腺泡发育。

3. 孕激素制剂的应用　多种人工合成的孕激素制剂已用于生猪生产领域。主要制剂有 P4、氟孕酮、烯丙孕素等，这些孕激素制剂在母猪生产中有如下用途。
（1）作为同期发情的药物。
（2）与其他激素，如 hCG 联合应用以治疗母猪乏情或卵巢囊肿。
（3）用于维持妊娠。

五、其他激素

（一）前列腺素

前列腺素（prostaglandin, PG）广泛存在于体内多种组织中，并具有广泛的生物学作用。

1. 化学结构和种类　PG 是花生四烯酸的衍生物，其基本结构为含有 20 个碳原子的不饱和脂肪酸，其中包括 1 个环戊烷和 2 个脂肪酸侧链（图 2-5）。PG 不是单一的激素，根据环戊烷和侧链中的不饱和程度和取代基团的不同，将天然的 PG 分为 A、B、C、D、E、F、G、H 和 I 共 9 型，每一型根据烷上的取代基的空间构型又可分为 α 和 β 两种，表示方法如 $PGF_{2\alpha}$、PGE_1 等。

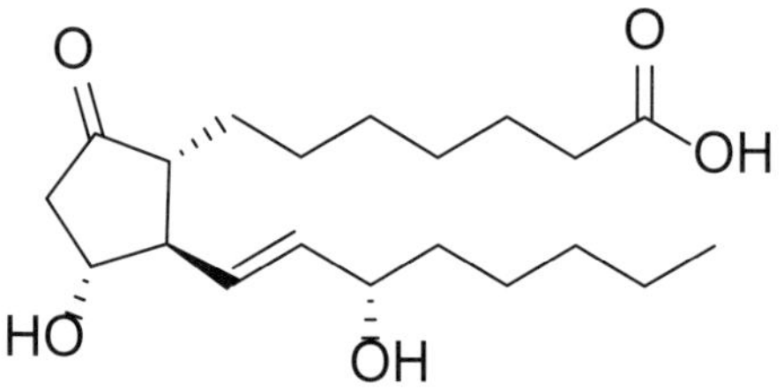

图 2-5　前列腺素的分子结构

2. 生理作用　不同来源和不同类型的前列腺素具有不同的生理作用。在母猪繁殖过程中起调节作用的主要是 PGF 和 PGE。

（1）溶解黄体　子宫内膜产生的 $PGF_{2\alpha}$ 引起黄体溶解。在黄体开始发生退化之前，子宫静脉血中的 $PGF_{2\alpha}$ 或循环血中 $PGF_{2\alpha}$ 的代谢物（PGFM）浓度明显增加；在黄体溶解发生时，$PGF_{2\alpha}$ 呈现出逐渐明显的分泌波；黄体期从子宫静脉或卵巢动脉灌注 $PGF_{2\alpha}$ 可诱导同侧卵巢黄体提前溶解；在黄体发生溶解时，从子宫内膜组织分离出的 $PGF_{2\alpha}$ 含量最高。子宫 $PGF_{2\alpha}$ 的分泌受雌激素、孕激素和 OXT 及其受体的影响。黄体末期，卵泡雌激素产量增加。雌激素促进 $PGF_{2\alpha}$ 的合成和释放。而黄体期 P4 的先期作用对于雌激素诱导的 $PGF_{2\alpha}$ 释放是必需的。

（2）对下丘脑 - 垂体 - 卵巢轴的影响　下丘脑产生的前列腺素参与 GnRH 分泌调节，PGF 和 PGE 能刺激垂体释放 LH。同时，前列腺素对卵泡发育和排卵也存在直接作用。

（3）对子宫和输卵管的作用　$PGF_{2\alpha}$ 促进子宫平滑肌收缩，有利于分娩。分娩后，$PGF_{2\alpha}$ 对子宫功能恢复有作用。前列腺素对输卵管的作用较复杂，与生理状态有关。$PGF_{2\alpha}$ 主要使输卵管口收缩，使受精卵在管内停留；PGE 使输卵管松弛，有利于受精卵运行。

3. 前列腺素制剂的应用　在母猪繁殖上应用的前列腺素主要是 $PGF_{2\alpha}$ 及其类似物。已有许多种前列腺素类似物，如 $PGF_{2\alpha}$、氯前列醇、氟前列醇，15- 甲基 $PGF_{2\alpha}$，$PGF_{1\alpha}$ 甲酯等。目前国内应用最广的是氯前列烯醇。$PGF_{2\alpha}$ 及其类似物主要用于以下几个方面。

（1）诱发流产和诱导分娩。

（2）治疗生殖机能紊乱。

（3）治疗乏情。

（4）有助于子宫功能恢复。

（二）外激素

外激素是不同个体猪之间进行化学通讯的信使。公猪向外界释放有特殊气味的化学物质，母猪通过嗅觉或味觉接受化学物质的刺激，引起行为或生理上的反应。外激素可以是单一的化学物质，也可以是几种化学物质的混合物；可以由专门的腺体分泌，也可以是一种排泄物。外激素可诱导猪的多种行为如识别、聚集、攻击和性活动等。其中诱导性活动的外激素称为性外激素。

公猪性外激素可使青年猪初情期提前，引诱母猪交配，在猪繁殖生理活动中起着非常重要的作用。公猪的睾丸中可以合成有特殊气味的化学物质 5α- 雄甾 -16- 烯 -3- 酮，这种物质可储存在公猪的脂肪组织中，并可由包皮腺和唾液腺排出体外。公猪的颌下腺可合成一种具有麝香气味的物质 3α- 羟 -5- 雄甾 -16- 烯，经由唾液排出体外。公猪释放出的这些具有特殊气味的物质，可以刺激母猪表现强烈的发情行为。因此，公猪尿液或包皮分泌物可用于母猪试情，人工合成的公猪外激素类似物已用于对母猪进行催情、试情。此外，公猪外激素对初情期的影响非常明显。

外激素也参与母仔识别。仔猪出生后，母猪在幼仔全身做气味标记，以便准确识别亲生幼仔，拒绝对其他母猪幼仔进行哺乳。幼仔识别母猪则稍迟一些，但气味也起重要作用。在生猪生产中，常用的外激素制剂为公猪气味剂，可代替公猪诱导后备母猪性周期的启动和查情，但用于配种时，只能提高母猪静立发情的检出率，而不能促进 OXT 的分泌。此外，如初生仔猪的生母死亡，或同窝仔猪太多，需要另找养母寄养哺乳时，可在该仔猪身上涂以有养母或其亲生幼仔气味的物质，以避免养母拒绝哺乳。

（三）吻素

1. 合成和分布 吻素（kisspeptin，Kp）主要是下丘脑弓状核和前腹室旁核分泌的神经肽。除下丘脑外，在子宫内膜、卵巢、颗粒细胞、膜细胞、卵丘卵母细胞复合物、黄体等也发现了 Kp 及其同源受体。

2. 化学结构 不同物种之间的 Kp 氨基酸序列组成略有差异，但在遗传多样性上很保守，碳末端的最后 10 个氨基酸中只有微小的变化。这种碳末端十肽（Kp10）几乎具有 Kp 分子的所有生物活性。

3. 生理作用
（1）通过下丘脑 - 垂体 - 性腺轴调控母猪性周期。
（2）控制发情期的开始。
（3）促进卵母细胞成熟、早期胚胎及黄体发育。

六、母猪批次化生产常用激素制剂

（一）烯丙孕素

1. 化学结构 烯丙孕素又称四烯雌酮，是一种人工合成的口服型活性孕激素，化学名为 17α- 丙烯基 -17- 羟基雌甾 -4，9，11- 三烯 -3- 酮。烯丙孕素为白色结晶性粉末，具有脂溶性，容易渗入细胞与特定受体结合。烯丙孕素的分子结构如图 2-6 所示。

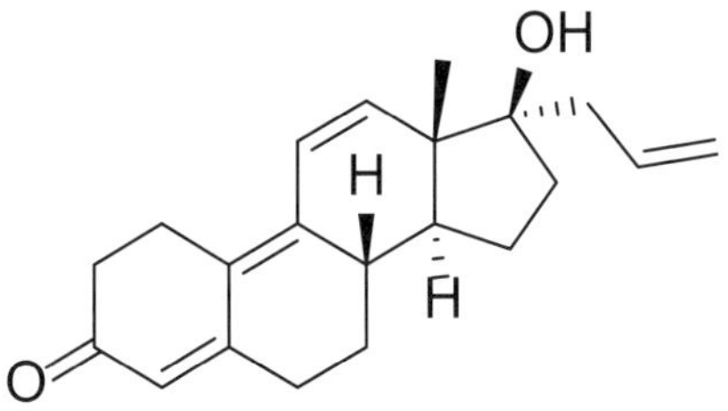

图 2-6 烯丙孕素的分子结构

2. 作用机制 烯丙孕素的作用机制与天然孕激素相同。连续饲喂母猪烯丙孕素可模拟体内高水平 P4，延长母猪发情周期的黄体期，抑制内源性 FSH、LH 的合成分泌，阻止卵泡发育，使卵泡生长停滞在中等卵泡阶段。停喂烯丙孕素后 8 ～ 12h 血液中烯丙孕素浓度下降，脉冲 LH 活性增加，卵泡发育重新启动，从而使猪群发情周期同步，并且在停喂烯丙孕素 5 ～ 8d 后达到同步发情。

母猪口服烯丙孕素 1 ～ 4h 内可达到血药浓度峰值，半衰期约为 14h，主要通过肝脏代谢，经胆汁排出。烯丙孕素安全性高，投喂母猪 20 倍推荐剂量的烯丙孕素，不会对母猪及其后代的繁殖性能造成影响。

3. 烯丙孕素制剂的应用

（1）调节、控制母猪发情周期。

（2）维持妊娠、延长妊娠时间。

（二）血促性素

血促性素（pregnant mare serum gonadotrophin, PMSG）是妊娠 40～130d 孕马母体胎盘（子宫内膜杯状组织）分泌的促性腺激素，主要存在于血清中，欧洲药典称其为马绒毛膜促性腺激素（equine chorionic gonadotrophin, eCG）。PMSG 由一个 α 亚基和一个 β 亚基组成，α 亚基与其他糖蛋白相似，而 β 亚基兼有 FSH 和 LH 双重作用。在非马属动物中 PMSG 诱导母畜卵泡发育。

PMSG 制剂的应用包括：

（1）诱导卵泡发育。

（2）治疗母猪乏情。

（三）戈那瑞林及其类似物

1. 化学结构 戈那瑞林是天然结构的 GnRH，是由 10 个氨基酸组成的十肽，第 6 和 7 位、第 9 和 10 位氨基酸之间的肽键极易被裂解酶分解断裂，导致其失活。为提高戈那瑞林的稳定性，人工合成了一系列戈那瑞林类似物，如曲普瑞林、布舍瑞林、戈舍瑞林、亮丙瑞林等（图 2-7）。

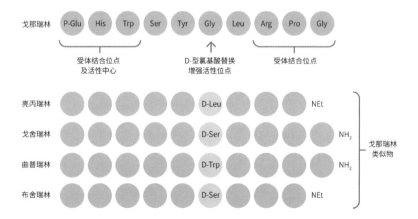

图 2-7 戈那瑞林及其类似物的分子结构

2. 作用机制 戈那瑞林及其类似物的生理作用无种间差异性，主要表现为促进垂体前叶促性腺激素合成和释放，以促进 LH 释放为主，也可以促进 FSH 的释放，其中戈那瑞林处理后 6h 左右出现血浆 LH 峰值。不同浓度 GnRH 处理后 LH 峰的峰值浓度不同，但持续时间相同。

（四）缩宫素与卡贝缩宫素

1. 化学结构 缩宫素和卡贝缩宫素均是人工合成的 OXT 长效类似物，缩宫素和卡贝缩宫素半衰期分别约为 25min、90min。与缩宫素相比，卡贝缩宫素刺激子宫收缩作用时间延长了 3 倍，收缩频率增加了 25%。缩宫素和卡贝缩宫素的分子结构分别见图 2-8 和图 2-9。

2. 作用机制 妊娠期间，子宫内 OXT 结合受体合成增加，并且在分娩时达到高峰。在分娩期间或分娩后注射卡贝缩宫素或其他 OXT 类似物会促进子宫收缩。卡贝缩宫素在诱发子宫收缩强度和频率方面类似 OXT，不会引起子宫肌肉痉挛，接近自然分娩。

3. 缩宫素和卡贝缩宫素制剂的应用
（1）诱导母猪分娩。
（2）治疗胎衣不下。
（3）人工授精时促进精子在生殖道输送。

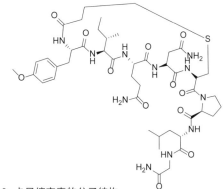

图 2-8 缩宫素的分子结构   图 2-9 卡贝缩宫素的分子结构

（五）氯前列醇钠

1. 化学结构 氯前列醇钠是人工合成的 $PGF_{2\alpha}$ 的类似物，其分子结构见图 2-10。

2. 作用机制 氯前列醇钠能阻止黄体分泌 LH，可有效促进生理性和病理性黄体形态和功能的消退。

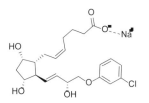

图 2-10 氯前列醇钠的分子结构

3. 氯前列醇钠制剂的应用

（1）与促性腺激素结合治疗母猪乏情。

（2）诱导分娩。

（3）辅助治疗子宫内膜炎。

（4）促进子宫功能恢复。

第四节
母猪繁殖活动的激素浓度变化

母猪的发情、妊娠、分娩、哺乳等繁殖活动与生殖激素密切相关，卵巢、子宫等生殖器官在生殖激素的精准调控下，发生严格有序的形态、生理变化，确保母猪繁殖活动正常进行。

一、发情及发情周期

母猪达到一定年龄，由卵巢卵泡发育所引起的、受下丘脑-垂体-卵巢轴系调控的一种生殖生理现象称为发情（estrus），母猪初次发情和排卵的时期，称为初情期（puberty），母猪初情期在 3～6 月龄，此时，母猪生殖器官仍在继续生长发育。初情期以后的一段时期为性成熟期，此时母猪生殖器官已发育成熟，具备了正常的繁殖能力，母猪性成熟期在 5～8 月龄。自母猪第一次发情后，如果没有配种或配种后未妊娠，则间隔一定时间开始下一次发情，如此周而复始，直到性机能停止活动为止。这种周期性活动，称为发情周期。

母猪发情周期各阶段：母猪发情周期为 17～25d，平均为 21d，通常将母猪开始静立发情作为发情周期的第 1 天。母猪的发情周期受生殖激素调控，根据其精神状态、行为表现、阴道黏膜上皮细胞的变化以及黏液分泌等情况，可将发情周期分为发情前期、发情期、发情后期和间情期 4 个阶段。

（一）发情前期

发情前期处于发情周期的第 17～21 天。此时，卵巢上的黄体已经退化或萎缩，新的卵泡开始生长发育；雌激素分泌逐渐增加，孕激素水平则逐渐降低；生殖道上皮增生，腺体活动增强，黏膜下肌层组织开始充血，子宫颈和阴道的分泌物稀薄且逐渐增多，但无性欲表现，此时母猪不接受公猪和其他母猪的爬跨。

（二）发情期

发情期处于发情周期的第1～2天。静立反射是母猪发情的典型特征，此阶段母猪表现为精神兴奋、食欲减退，接受公猪或其他母猪爬跨时静立不动；卵巢上的卵泡发育较快、体积增大，雌激素分泌很快达到最高水平，孕激素分泌逐渐降低至最低水平；子宫黏膜充血、肿胀，子宫颈口开张，子宫肌层收缩加强，腺体分泌增多；阴道黏膜上皮逐渐角质化，并有鳞片细胞（无核上皮细胞）脱落；外阴部充血、肿胀、湿润，常悬挂透明棒状黏液。

（三）发情后期

发情后期是发情症状逐渐消失的时期，处于发情周期的第3～4天。发情状态由兴奋逐渐转为抑制，母猪拒绝爬跨；多数母猪的卵泡破裂并排卵，新的黄体开始生成，雌激素含量下降，孕激素分泌逐渐增加；子宫肌层收缩和腺体分泌活动均减弱，黏液分泌量减少而变黏稠、黏膜充血现象逐渐消退，子宫颈口逐渐收缩；阴道黏膜上皮脱落，释放白细胞至黏液中；外阴部肿胀逐渐消失。

（四）间情期

间情期又称为休情期，处于发情周期的第4～16天。此时，母猪性欲消失，精神和食欲恢复正常。卵巢上的黄体逐渐生长、发育至最大，孕激素分泌逐渐增加甚至达到最高水平；子宫内膜增厚，子宫腺体高度发育，分泌活动旺盛。随着时间的推移，黄体发育停止并开始萎缩，孕激素分泌量逐渐减少，增厚的子宫内膜回缩，腺体变小，分泌活动停止。

二、不同繁殖阶段主要生殖激素水平变化及作用

（一）发情周期激素水平变化及作用

母猪的发情周期实际上是卵泡和黄体交替出现的过程，卵泡生长发育及黄体的形成与退化受神经激素和外界环境条件的影响。

下丘脑的神经内分泌细胞分泌释放GnRH，通过垂体门脉系统运输到垂体前叶，刺激垂体前叶细胞分泌的FSH进入血液，再通过血液循环被运输到卵巢，促进卵泡发育。同时，由垂体前叶分泌的LH与FSH协同作用，促进卵泡进一步发育并合成分泌雌激素。雌激素又与FSH协同作用，从而使卵泡颗粒细胞FSH和LH受体增加，增强卵泡对FSH、LH的结合能力，在促进卵泡生长的同时增加了雌激素的分泌量。雌激素通过血液循环被运输到中枢神经系统，引起母猪发情。雌激素对下丘脑和垂体具有正、负反馈作用，以调节促性腺激素的释放。正反馈可刺激促性腺激素排卵前释放，负反馈可抑制促性腺激素的持续释放。当雌激素大量分泌时，通过负反馈作用抑制垂体前叶分泌FSH；通过正反馈作用，促进垂体

前叶分泌 LH，并且在排卵前浓度达到最高，引起卵泡的成熟破裂而排卵。垂体前叶分泌的 LH 是呈脉冲式的，脉冲频率和振幅的变化与发情周期有密切关系。在卵泡期，P4 骤然下降，LH 的释放脉冲频率增加，因而使 LH 不断增加以至排卵前出现促黄体峰值，引起卵泡破裂排卵。

在黄体期，由于 P4 增加，对垂体前叶起负反馈作用，LH 脉冲频率就会减少，当黄体退化时，LH 脉冲频率又显著增加，这是由于黄体退化 P4 减少和雌激素不断增加的双重影响。排卵后，虽然 LH 分泌量少但也能发挥重要作用，使卵泡颗粒层细胞转变为分泌 P4 的黄体细胞，从而形成黄体。

母猪发情未配种或配种未孕，子宫内膜则产生 $PGF_{2\alpha}$，溶解黄体，使 P4 分泌急剧下降。低水平的 P4 引起 LH 的释放，故排卵前的 LH 分泌高峰之时，P4 分泌量最低。这样，由于 P4 对垂体的抑制作用开始减退，垂体促卵泡素分泌增加，于是又刺激卵泡发育，但此时卵泡直径较小，雌激素分泌量还不足，同时，由于存在逐渐退化的黄体的抑制作用，母猪不表现发情。随着黄体的完全退化，垂体不再受 P4 抑制，因而促卵泡素的分泌量增加，刺激卵泡继续发育，卵泡的迅速发育使得雌激素分泌量迅速增加，母猪又开始发情。

母猪发情周期中激素的变化示意见图 2-11。

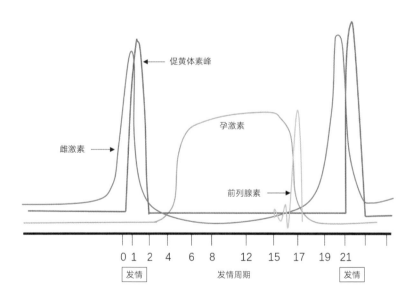

图 2-11　母猪发情周期中激素的变化示意

（二）断奶激素水平变化及作用

哺乳期间仔猪对乳头及乳房的强烈刺激，使垂体前叶释放高浓度的催乳素，抑制了下丘脑 GnRH 的释放，使母猪在哺乳期间不发情。断奶后，仔猪对乳头及乳房的刺激消失，使催乳素浓度迅速下降，解除了对下丘脑 GnRH 的抑制作用，下丘脑开始有节律地释放 GnRH，从而促进垂体前叶释放 FSH 和 LH，使卵泡逐渐发育成熟，卵泡合成分泌的雌激素反馈于大脑皮层，母猪表现发情。母猪断奶后 4 ～ 8d 排卵。母猪断奶至发情期间主要生殖激素变化示意见图 2-12。

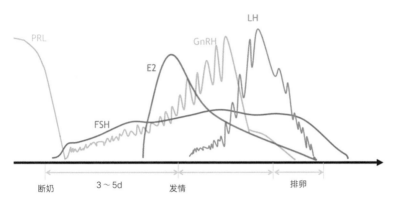

图 2-12　母猪断奶至发情期间主要生殖激素变化示意

（三）妊娠期生殖激素水平变化及作用

妊娠是在母体和胎盘激素协同调控下完成的。排卵后血浆中雌激素水平迅速下降，孕激素水平升高，激素水平的变化使子宫内膜增生，为胚胎植入创造了生理条件。妊娠期间，孕激素维持较高水平，与雌激素协同增加子宫弹性，促进肌纤维增长、子宫血管和腺体发育等。母猪妊娠期生殖激素变化示意见图 2-13。

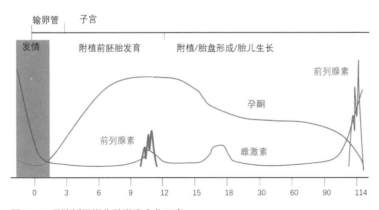

图 2-13　母猪妊娠期生殖激素变化示意

（四）分娩激素水平变化及作用

妊娠后期血浆 P4 和雌激素浓度的变化是发动分娩的主要动因之一。P4 可以抑制子宫对兴奋的传递，使子宫肌纤维舒张和平静，妊娠期内 P4 处于高而稳定的水平，以维持子宫相对安静且稳定的状态。随着妊娠时间的延长，胎盘产生的雌激素逐渐增加，刺激分娩前子宫肌的规律性收缩，同时克服孕激素对子宫肌的抑制，提高子宫肌对 OXT 的敏感性，从而增强子宫肌的自发性收缩。此外，高水平的雌激素能刺激 $PGF_{2\alpha}$ 的释放，子宫静脉 PG 在产前 24h 达到高峰，对分娩发动起主要作用，同时来自黄体的松弛素可以使雌激素致敏的骨盆韧带松弛、骨盆开张、子宫颈松软、弹性增加。分娩启动后，胎儿、胎膜对产道的压迫刺激可反射性地引起垂体后叶 OXT 的释放，从而完成分娩。母猪分娩前后激素水平变化示意见图 2-14。

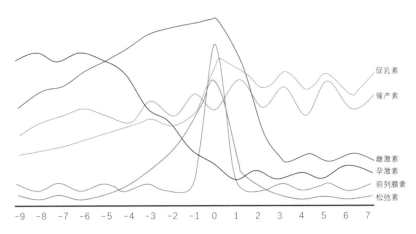

图 2-14　分娩前后激素水平变化示意
（引自 Claudio Oliviero，2015）

第五节
受精与胚胎发育

受精是精子和卵子结合形成受精卵的过程，在该过程中，精子、卵子经历一系列严格有序的形态、生理、生化变化，使公猪、母猪的遗传物质在新的生命中得以表现和延续。早期胚胎在母体内经过游离、妊娠识别及附植与母体建立联系，从而在母猪子宫内开始个体的发育。

一、精子在生殖道中的运行及生理变化

（一）精子在生殖道中的运行

1. 精子在子宫颈内的运行　母猪从排卵前期到排卵期，子宫颈外口逐渐扩大，子宫颈变得松软，使精子容易通过。排卵后子宫颈外口缩小，子宫颈的紧张度增加，不利于精子通过。射精后，一部分精子靠自身的运动和子宫颈黏液的流变学特性，穿过正在发情中期的水样子宫颈黏液，很快进入子宫，该过程一般需要 2～10min。大量精子顺着子宫颈黏液微胶粒的方向进入子宫颈隐窝的黏膜皱褶内暂时储存，形成精子在雌性生殖道内的第一储存库。库内的活精子会相继随子宫颈的收缩运动被送入子宫或进入下一个隐窝，而有缺陷或死亡的精子可能因纤毛上皮的逆蠕动而被推向阴道而排出，或被白细胞吞噬而清除。因此，子宫颈是精子运行到受精部位的第一道屏障，通过这一次筛选，只有运动和受精能力强的精子才能进入子宫。

2. 精子在子宫中的运行　通过子宫颈的精子在子宫肌收缩活动的作用下进入子宫。大部分精子进入子宫内膜腺体隐窝中，形成精子在雌性生殖道内的第二储存库。精子从这个储存库不断向外释放，并在子宫肌和输卵管系膜的收缩、子宫液的流动以及精子自身运动的综合作用下通过子宫，进入输卵管。由于精子的进入，促使子宫内膜腺白细胞反应加强，一些死亡精子和活动能力差的精子被吞噬，精子又一次得到筛选。因此，子宫内膜腺和宫管结合部是精子运行到受精部位的第二道屏障。

3. 精子在输卵管内的运行　进入输卵管中的精子，借助输卵管黏膜及系膜的收缩作用以及液体流动继续前行。当精子上游至输卵管峡部时，将遇到高黏度黏液的阻塞和有力收缩的括约肌的暂时阻挡，壶峡结合部形成精子到达受精部位的第三道屏障。因此，更多的精子被限制进入输卵管壶腹部。精子频繁地与输卵管上皮细胞接触，在此处精子能很好地结合于输卵管上皮细胞表面糖蛋白或糖脂的糖基上，结果使精子在这里储存形成又一个精子储存库。公猪精子能够到达输卵管壶腹部的精子约 1 000 个。最后，在受精部位完成正常受精的每枚卵子只需要 1 个精子。

4. 精子在母猪生殖道内的运行动力　精子由射精部位向受精部位的运行受多种因素的综合影响。

（1）射精的力量　公猪射精时，尿生殖道的肌肉收缩是精子运行的最初动力。

（2）子宫颈的吸入作用　公猪阴茎或输精管对子宫颈的刺激，反射性引起子宫体的膨大并产生负压，从而吸入精子到达子宫体。

（3）生殖道肌肉的收缩　阴道、子宫颈、子宫和输卵管收缩是精子运行的主要动力。子宫肌的收缩同时造成生殖道管腔液体的流动，使精子伴随液体流动而在母猪生殖道内运行。

（4）精子自身的运动　由于尾部摆动，精子可在母猪生殖道内向前游动。但这种运动对其到达受精部位的作用是次要的。

5. 精子在母猪生殖道内运行的速度 精子自射精（输精）部位到达受精部位的时间远比精子自身运动的时间要短。公猪射精后 15～30min 即可在输卵管壶腹部发现精子。精子运行的速度与母猪的生理状态、生殖道黏液的性状以及母猪的胎次都有密切关系。

6. 猪精子保持受精能力的时间 精子在母猪生殖道内存活时间约为 50h。猪精子维持受精能力的时间比存活时间要短，为 24～48h。精子在生殖道内存活和保持受精能力时间的长短，不仅与精子本身的生存能力有关，也与生殖道的生理状况有关。这对确定配种时间和配种间隔具有重要的参考价值。

7. 精子的损耗 在交配时射入母猪阴道或子宫的精子数量常达几十亿个，但只有极少数的精子到达受精部位，大多数的精子在运行途中死于子宫颈、宫管结合部和壶峡结合部。少数精子进入子宫内会引起白细胞反应而被吞噬；生殖道上皮纤毛的摆动也会将某些畸形或受损伤的精子送返子宫颈，经阴道排出体外。生殖道内其他部位的精子在失去活力后并不被立即排出，排出的精子主要来自子宫颈。而到达输卵管伞部的精子也有可能继续向前进入腹腔。

（二）精子在生殖道中的生理变化

1. 精子获能 精子在母猪生殖道中运动的时间很短，而排卵后要间隔一定时间才能受精，精子总是要等待卵子。也就是说，精子在离开公猪生殖道时，还不能立即与卵子受精，必须在母猪生殖道内经历一段时间，在形态和生理上发生某些变化，机能进一步成熟，才具备受精能力，这一过程称为精子获能。子宫是精子获能的主要场所，但最后在输卵管完成。精子同子宫内膜接触后，由白细胞产生的水解酶可使去能因子与顶体酶的结合状态脱解、输卵管液、卵泡液以及卵丘细胞也能参与精子的获能。公猪精子获能所需时间为 2～6h，同一批精子获能并不是同时发生的，而是有先有后，具有非均一性。

2. 顶体反应 获能后的精子，在输卵管壶腹部与卵子相遇，顶体内酶的激活与释放溶蚀放射冠和透明带的过程，称为顶体反应。精子发生顶体反应时，顶体帽膨大，精子头部的质膜从赤道段向前变得疏松，然后质膜和顶体外膜多处发生融合，融合后的膜形成许多囊泡结构，随后这些泡状物与精子头部分离，由顶体内膜和顶体基质释放出顶体酶系，主要是透明质酸酶和顶体素。这些酶系可以溶解卵丘、放射冠和透明带，使精子能够穿过这些保护层与卵子结合而受精。顶体酶系的释放是一个循序渐进的过程，这有利于精子在一定时间内穿透卵子的放射冠。顶体反应完成的标志是顶体外膜与精子细胞膜的完全融合。

二、卵子在生殖道中的运行及生理变化

（一）卵子在生殖道中的运行

1. 卵子的接纳　卵子在排出时被黏稠的放射冠细胞包围，构成卵丘细胞卵母细胞复合体（cumulus oocyte complex, COC），黏附于排卵点上，被输卵管伞所接纳。在接近排卵时，输卵管伞充分开放、充血，在输卵管伞系膜和卵巢固有韧带协同作用下，输卵管伞严密地包裹着卵巢，并通过输卵管伞黏膜纤毛的不停摆动，将其纳入输卵管伞的喇叭口，这一过程称为卵子的接纳。

2. 卵子在输卵管内的运行

（1）卵子向壶腹部运行　被输卵管伞接纳的卵子，借助输卵管管壁纤毛摆动和肌肉活动很快进入壶腹部的下端，与已到达此处的精子相遇并完成受精过程。卵子从卵巢表面进入输卵管内只需要几分钟的时间，在数小时内到达壶腹部，受精后一般在此停留 36～72h。

（2）卵子的滞留　卵子的滞留主要指受精卵的滞留。受精卵在壶峡结合部停留的时间较长，可达 2d 左右。这可能是由于该部的括约肌收缩、局部水肿使管腔闭合、输卵管的逆蠕动等综合影响控制了卵子的下行，以防止受精卵过早进入子宫。

（3）卵子通过宫管结合部　随着输卵管逆蠕动的减弱和正向蠕动加强，以及肌肉的放松，受精卵运行至宫管结合部并在此短暂滞留，当该部的括约肌放松时，受精卵随输卵管分泌液迅速流入子宫。

（4）卵子运行的动力及其机理　卵子（或受精卵）在输卵管的运行是在管壁平滑肌和纤毛的协同作用下实现的。输卵管壁的平滑肌受交感神经的肾上腺素能神经支配。输卵管中峡部肌层最厚，管腔最小，卵子由峡部移行至壶腹部时，肌层由厚变薄，管壁由硬变软，因而在峡部与壶腹部之间形成的壶峡结合部具有明显的括约肌功能，促进卵子向壶腹部运行。输卵管纤毛的运动和管腔液体的流动对卵子的运行也起着重要的作用。发情期，当壶峡结合部封闭时，由于输卵管的逆蠕动、纤毛摆动和液体的流向腹腔，卵子难以下行；而在发情后期，纤毛颤动的方向和液体流动的方向相反。在这两种力的作用下，使卵子滚动下行。

（5）卵子保持受精能力的时间　母猪卵泡排出的卵子维持受精能力为 8～12h。

（二）卵子在生殖道中的生理变化

卵子排出后 2～3h 才能被精子穿透，表明卵子受精前也有类似精子成熟获能的过程。研究表明，母猪排出的卵子为刚刚完成第一次成熟分裂的次级卵母细胞，需要在输卵管内进一步成熟，达到第二次成熟分裂的中期，才具备被精子穿透的能力。卵子在输卵管停留期间，透明带和卵质膜表面也可能发生某些变化，如透明带精子受体的出现、卵质膜结构变化等。

三、受精

受精是卵子和精子融合为受精卵的过程。它包括精子与卵丘细胞相互作用、精子穿过透明带、精卵质膜融合、卵子激活、雌雄原核的形成和发育，然后进入第一次卵裂。

（一）精子与卵丘细胞的相互作用

卵丘细胞包裹在卵子透明带外围，它们以胶样基质相粘连，基质主要由透明质酸多聚体组成。发生顶体反应的精子释放透明质酸酶，溶解卵丘细胞的胶样基质，使精子得以穿越放射冠并接触透明带。

（二）精子穿过透明带

透明带主要由糖蛋白组成。穿过放射冠的精子即与透明带接触并附着其上，随后与透明带上的精子受体相结合。精子和透明带的结合是精子进入卵子的先决条件。在精子与透明带结合后，精子头部即以不同的角度，向透明带内部穿入。穿过透明带的精子强有力的摆动其尾部，凭借尾部推动力将自身缓慢地向前推进，打开一条狭窄的通道，从而穿过透明带，在透明带上留下一条窄长的孔道。

（三）精卵质膜融合

精卵质膜相互作用的基本过程包括精子附着、精卵结合与质膜融合。精子穿过透明带后，才真正开始与卵质膜接触结合，并发生融合过程。当精子进入卵质膜时，卵质膜立即增厚，这种变化在卵子周围形成保护层，从而改变卵子的表面结构，阻止多精入卵。

（四）卵子激活

精子进入卵子后，诱发卵胞质发生生理变化，卵子恢复并完成第二次减数分裂，进入新的细胞周期，这一过程称为卵子激活。

（五）雌雄原核的形成和发育

精子进入卵子后，核膜开始破裂，染色质去致密化，在其周围重新形成新的原核膜，同时出现核仁，形成雄原核。卵子完成第二次成熟分裂，染色体首先分散，然后重新形成染色体泡，这些泡相互接近，包膜彼此融合并形成一个星状的、不规则的第二极体原核。两个原核逐渐在细胞中部靠拢，核膜随即消失，形成合子。

四、早期胚胎发育、迁移及附植

（一）胚胎发育

早期胚胎发育是指由受精卵开始到胚胎伸长且没有与子宫建立组织联系的游离阶段，也称为附植前胚胎发育，该阶段主要包括卵裂、桑葚胚、囊胚和胚胎原肠化。

1. 卵裂　受精卵按一定规律进行多次有丝分裂的过程称为卵裂。卵裂形成的单个细胞称为卵裂球。卵裂在透明带内进行，细胞数量不断增加，但总体积并不增加，且有减小的趋势，卵裂期间需要的营养主要来自卵胞质。

2. 桑葚胚　胚胎发育到一定阶段后，卵裂球间的联系增强，形态逐渐由圆形变成扁平，卵裂球间界限逐渐模糊，使细胞最大限度地接触，并产生各种连接，胚胎紧缩在透明带内形成多细胞团，形态如桑葚，故称为桑葚胚。猪的桑葚胚始于 8 细胞期，胚胎发育至桑葚胚后，卵裂球之间排列更加紧密，细胞间的界限逐渐消失，胚胎外缘光滑，体积减小，产生了细胞连接，整个胚胎形成一个紧缩的细胞团，这一过程称为致密化，此时期的胚胎称为致密桑葚胚。

3. 囊胚　桑葚胚继续发育，细胞开始分化，出现细胞定位现象。胚胎的一端，细胞个体较大，密集成团，称为内细胞团；另一端，细胞个体较小，只沿透明带的内壁排列扩展，这一层细胞称为滋养层；在滋养层和内细胞团之间出现囊胚腔，这一发育阶段称为囊胚。囊胚阶段的内细胞团进一步发育为胚胎本身，滋养层则发育为部分胎膜和胎盘。囊胚的进一步扩大，逐渐从透明带中伸展出来，这一过程称为孵化。囊胚一旦脱离透明带，即迅速扩展增大。

4. 胚胎原肠化　囊胚孵化以后，内细胞团分化为两层细胞，分别称为上胚层和下胚层。上胚层形成了胚体外胚层、胚体中胚层以及绝大部分的胚体内胚层。下胚层则形成胚外内胚层与一小部分胚内内胚层。下胚层的细胞紧贴着滋养层生长，最终形成一个密闭的囊腔，称为原肠，这时的胚胎称为原肠胚。原肠形成是胚胎发育的一个重要阶段，在这一过程中，单层细胞胚体经过分裂、运动、迁移和聚集分化为二胚层和三胚层的胚胎，再进一步分化成各种组织并构建成器官、系统。

（二）早期胚胎的迁移

胚胎在脱离透明带前一直处于游离状态。猪胚胎在子宫内时常发生迁移，其迁移速度与子宫肌的活动有关。

精卵结合后开始进行卵裂，在受精后 0.6～0.8d 胚胎达到 2 细胞期；约 1d 时发育至 4 细胞期，猪胚胎此时由输卵管进入子宫角；在 2.5d 左右发育至 8 细胞期，5d 胚胎达到囊胚期，并在 6～7d 脱离透明带，暴露的囊胚迅速扩展增大、移动，形态上也发生根本变化。胚胎在子宫角停留 5～6d 后，向子宫体迁移，在 9d 左右与来自对侧子宫角的胚胎混合。10d 时胚胎直径从孵化期的 0.5～1mm 发育成 2mm 的球体，在 11～12d 发育成 10mm 管状，管状孕体在 2～3h 内迅速伸长形成细丝状，长度达到 20cm。在快速伸长完成后，丝状孕体在 13d 继续伸长至 60cm，在妊娠 18d 达到 1m 的长度。孕体的伸长是细胞重组和重塑的结果而非增生，过了最初增长的阶段后，孕体在形态上的发育步调继续保持一致。但同一胎中球体的孕体直径会有很大的差别，如果大小不同，就会导致 12d 伸长时相差 4～24h，这样，延时发育的胚胎会有很高的死亡率。胚胎在两个子宫角腔中自由移动到大约 12d，此时胚胎在子宫内定位并匀分布，相邻胚胎不交叠。发育的孕体分泌组胺、雌激素、前列腺素刺激子宫肌层蠕动收缩，调整胚胎在子宫内的空间位置，给发育的胚胎和子宫之间提供最大的接触面，并为同窝的胚胎提供最佳的间隔。

（三）胚胎的附植

胚胎附植是囊胚滋养层细胞与母体子宫上皮细胞之间逐步建立组织和生理上联系的过程。猪胚胎表面的滋养层细胞仅与母体子宫上皮细胞接触，而不是侵蚀上皮细胞或嵌入子宫黏膜深部。

1. 附植时间　胚胎与子宫由最初的浅表接触到最终两者发生密切联系是一个渐进的过程。猪胚胎附植时间为受精后 13～26d。在 13～14d，子宫内膜产生突起，被滋养外胚层细胞包裹起来，生理上使胎儿固定。14d 时，滋养外胚层和子宫腔上皮细胞的浆膜紧密贴合。妊娠 26d，滋养外胚层和子宫内膜之间的交叉微绒毛不断增加，并延伸到外周区，从而黏附过渡到胎盘，完成初步附植。

2. 附植部位　胚胎大都附植在对后续发育最有利的地方，如子宫内血管稠密的地方，以获得丰富的营养。猪胚胎附植时，多趋向于平均分布于两个子宫角，胚胎保持距离均等，避免拥挤。

3. 附植过程子宫内膜的变化　排卵后，由于黄体分泌活动逐渐加强，在孕激素的作用下，子宫肌的收缩活动和紧张度减弱；子宫内膜充血、增厚，上皮增生，子宫腺曲明显，分泌能力增强，为胚泡的附植提供了有利的环境条件。附植前后，子宫腺体的分泌物称为子宫乳，它是胚泡附植过程中的主要营养来源。

雌激素的致敏和孕激素的生理作用，是子宫产生上述变化的主要动因，孕激素促进子宫内膜腺的分泌；雌激素除使子宫内膜增生外，还促进子宫释放蛋白水解酶，使透明带溶解和滋养层细胞增生，滋养层逐渐侵入子宫上皮和基质层，引起附植现象的出现。胚胎附植过程中，子宫内膜细胞内的水解酶可消化子宫液中的大分子物质，为胚胎发育提供营养。同时，水解酶还在胚胎浅表附着、穿入以及子宫内膜的蜕膜化过程中发挥一定的作用。

在雌激素和孕激素的协同作用下，子宫内膜可产生一种接受胚泡附植的条件。但这种接受的时间是有限的，与卵巢激素的分泌特别是雌激素与孕激素的比例有关，也涉及子宫内膜本身的反应能力。

4. 附植机制

（1）透明带解体　胚胎分泌一种胰蛋白酶，在附植前分泌量最大，活性超过了子宫分泌胰蛋白酶抑制物的作用，使透明带发生解体，为附植创造基本条件。

（2）子宫内膜致敏　雌激素可使子宫致敏，被致敏的子宫可刺激无透明带胚胎的滋养层细胞增生，从而侵入子宫内膜。

（3）激素调节　子宫对胚胎的接受依赖于一系列具有准确时序的内分泌变化，其中雌激素起关键性作用。排卵前的雌激素波峰，对子宫内膜的早期变化起先导作用，引起子宫内组氨酸释放、肥大细胞减少、血管扩张、血流加快等一系列变化。排卵后形成的黄体分泌 P4，在雌激素的协同作用下，使输卵管上皮和子宫内膜腺分泌胚激肽，激活胚胎进一步发育。

5. 影响附植的因素

（1）母体的激素　孕激素在胚胎附植中起主导作用，它能刺激子宫腺上皮的发育，诱导子宫腺分泌子宫乳，为早期胚胎提供营养。P4 及某种代谢物能抑制妊娠母猪的局部免疫反应，促进附植。母体中一定水平的雌激素有助于抑制子宫上皮对异物的吞噬作用，孕激素和雌激素的联合调节作用使胚胎完成附植过程。

（2）胚胎的激素　胚胎分泌的激素信号作用于母体，母体产生相应的生理变化，为胚胎发育提供良好的环境，首先表现为维持和促进黄体功能。

（3）子宫接受性　子宫只在某个特定时期允许胚胎附植，这一时期称为附植窗。这时子宫与胚胎发育同步。如果这时母体环境受到破坏，或者胚体未能正常发育，都难以附植。

（4）子宫内膜的分泌因子　在胚胎附植期间，子宫内膜分泌多种蛋白质因子，主要分为三类：①营养因子，如子宫转铁蛋白，具有运输功能；②代谢调节因子，如酸性磷酸酶、葡萄糖磷酸酶等，参与调节胎儿的代谢活动；③调节蛋白因子，如类胰岛素生长因子等，能促进早期胚胎发生形态变化，免疫抑制因子，阻止母体免疫排斥反应。

五、妊娠

（一）妊娠识别

母猪妊娠识别的信号是雌激素。猪孕体在受精后第 11、12 天和第 14～30 天产生 E2，并分泌至子宫内，作为妊娠识别信号阻止黄体退化不仅是必要的，而且可以为猪胎盘提供足够的子宫表面积以吸收营养物质，保证胎儿在子宫内正常发育。虽然雌激素不会抑制子宫产生 $PGF_{2\alpha}$，但可以使其进入子宫腔，子宫分泌的 $PGF_{2\alpha}$ 进入子宫腔称为外分泌，使 $PGF_{2\alpha}$ 不发挥溶黄体作用。

（二）妊娠维持

妊娠维持需要母体和胎盘激素的协同调控，否则妊娠会失败。在妊娠过程中，孕激素和雌激素的作用至关重要。在排卵前后，血浆中雌激素和孕激素含量变化是调控子宫内膜增生和胚胎植入的主要因子。在整个妊娠期内孕激素发挥主导作用，主要体现以下功能：①抑制子宫肌肉的收缩，使胎儿处于平静而稳定的环境；②促进子宫颈栓形成，防止异物和病原微生物侵入子宫，危及胎儿；③抑制垂体 FSH 的分泌和释放，从而抑制卵泡发育和母畜发情；④妊娠后期孕激素水平的变化有利于分娩发动。但在妊娠期间，雌激素的功能不可或缺，它和孕激素协同可增加子宫弹性、促进子宫肌纤维和胶原纤维增长，以适应胎儿、胎膜。两者还能促进子宫血管和腺体发育，为胎儿发育提供丰富营养。此外，母猪每侧子宫角必须至少有两个孕体存在才能建立并维持妊娠。

六、附植后胚胎及胎儿发育

附植后的胚胎，在受精后 25～35d，胎儿主要系统和附属物已经形成（图 2-15）。营养物质、代谢废物、气体和某些抗体穿过母体和胚胎血液系统之间的膜进行交换。胎儿期约起始于受精后第 36 天，此时可以通过外部检查及身体的主要系统对胎儿性别进行鉴定，此时，胎儿可被认为是缩小版的猪个体。胎儿在子宫中的方位是随机的，包括头对头、尾对尾或头对尾，但在分娩时，大约一半是尾部朝外，一半是头部朝外。受精后 35～40d 之前死亡的

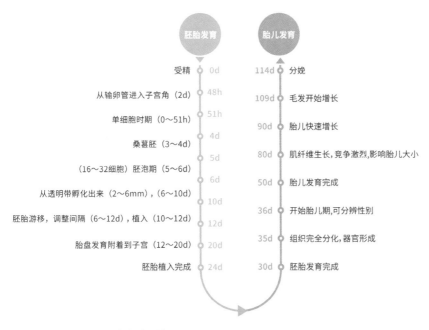

图 2-15 猪胚胎、胎儿发育时间轴

胚胎会被母体吸收。由于从第 36 天开始，胎儿发生骨骼的渐进性钙化，此后死亡的胚胎不被吸收而是发生木乃伊化。受精后第 109 天，胎儿的体重约为 1kg。在皮肤的表层下开始出现毛发并持续到临近分娩。在整个妊娠过程中，母体子宫重逐渐增加，从未孕前 4～6kg 增加到分娩时的 30kg 左右（包括胎儿内容物）。母猪分娩时体重会减少 10%～11%。妊娠期间，仔猪从精卵结合最终发育成一个重约 1.5kg 的完整个体。

Muzhu Picihua
Shengchan Guanli Jishu

第三章
批次化繁殖关键技术

　　繁殖是猪场生产的核心，繁殖同步化是实现母猪批次化生产的基础，涉及繁殖过程中的多个重要节点，需要应用多项调控技术实现其同步。本章重点介绍母猪性周期同步化技术、定时输精技术、人工授精技术、早期妊娠诊断技术和诱导同期分娩技术的原理和实施方案，分析技术实施过程中的注意事项以及可能影响技术应用效果的因素，为母猪批次化生产的实施奠定基础。

性周期同步化技术

性周期同步化是母猪群进行批次化生产的基础。母猪性成熟后，在未配种、妊娠、哺乳条件下，每隔一定时间出现发情表征并呈周期性变化。母猪发情周期一般为 18～23d，平均为 21d，卵泡和黄体在卵巢上交替出现。自然状态下，猪群中的母猪个体随机处于发情周期中的某一阶段，陆续发情、排卵。母猪性周期同步化就是通过同时断奶或者外源激素处理，使猪群的性周期达到相对一致的状态，为母猪后续集中发情、配种做准备。

一、后备母猪性周期同步化

要保持猪场规模稳定，实现均衡生产，就需要源源不断地补充后备母猪。初情期是机体性器官发育成熟的标志，对后备母猪的繁殖性能起关键作用。自然情况下，初情期前卵巢存在大量小卵泡，这些卵泡能够生长发育至一定阶段，但是，由于此时卵巢对垂体的负反馈机制尚未健全，不能引发足够的 LH 释放，因此，不能够诱发卵泡成熟和排卵，也不会出现完整的发情表现。母猪的初情期和性成熟受到品种、年龄、体重和环境的影响，及时建立初情期可提高母猪的利用率。实际生产中，后备母猪初情期决定了初配日龄的早晚，初情期越早的母猪，终生繁殖性能也越高。因此，如何提前后备母猪初情期是选育和培养的核心。

PMSG 可以用于辅助后备母猪初情期的建立。初情期前，母猪的垂体尚不能分泌足量的 FSH、LH 和适当的 LH 脉冲，但此时的卵巢已经能够对一定量的促性腺激素产生反应，促使卵泡发育至成熟阶段，并增加血液中 E2 的水平，引发 LH 释放峰值，从而引起排卵。因此，在此时给予一定量的外源促性腺激素刺激可以达到调控和促进母猪到达初情期的作用。调控初情期前母猪时，由于其卵巢上不存在黄体，发情周期也尚未建立，因此不需要考虑母猪所处阶段，任何时间都可以开始实施干预。对于 180 日龄左右没有检测到发情的后备母猪，每头注射 1 000 IU 的 PMSG，注射后连续 1 周用公猪（气味剂）诱情，每天 2 次，对发情的母猪做标记。对于未发情的母猪，间隔 10d，再次注射 PMSG 并重复上述操作。

已经建立了初情期的后备母猪可通过饲喂烯丙孕素来实现性周期的同步化。烯丙孕素是一种口服孕激素类似物，类似于天然孕酮的作用模式，具有孕激素样作用和抗促性腺激素作用，对下丘脑和垂体前叶有负反馈作用，抑制 FSH 和 LH 的释放，从而在母猪用药阶段抑制卵泡发育和排卵，但不会阻止正常黄体溶解。对母猪连续饲喂烯丙孕素，可以在黄体溶解后模拟并延长黄体期状态，使母猪在给药期间持续乏情，卵泡发育停滞于小卵泡阶段。给药结束后，促性腺激素分泌恢复正常，血液中 FSH 和 LH 浓度有规律地升高，卵泡继续发育并成熟，从而使同批次给药母猪以同步的方式恢复发情。

常见的烯丙孕素给药方案有 2 种，即连续饲喂 18d，每天饲喂 20mg；或者连续饲喂 14d，每天 15mg，母猪在停药后几天内集中发情。连续饲喂 18d，每天饲喂 20mg 的给药方案中，母猪发情更集中，更适用于后期开展定时输精技术 (Davis，2004) (图 3-1)。

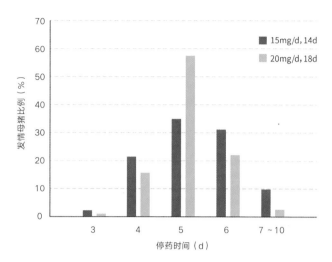

图 3-1　烯丙孕素不同给药方案对母猪发情集中度的影响

建议选择 215 ~ 225 日龄具有初情期的后备母猪经过挑选和调教，开始饲喂烯丙孕素记为第 1 天（D1），按照烯丙孕素饲喂 18d 方案每天饲喂 20mg。因烯丙孕素在体内的有效抑制作用在 26 ~ 30h，故需要每天定时定量饲喂，连续饲喂 18d，可以使母猪达到良好的同期发情效果。一般将最后一次饲喂烯丙孕素安排在周三，周五注射 PMSG，可使后续配种操作避开周末。

烯丙孕素投喂可采用饲喂枪给药和饲料给药两种方式。饲喂枪给药适用于定位栏及大栏饲喂，给药前须使用饲喂枪饲喂葡萄糖水或苹果汁等进行猪群驯化，每天上、下午各一次，驯化 1 ~ 2d，驯化效果以母猪主动抬头咬枪为宜。烯丙孕素应在喂料前给药，投药时饲喂枪须在猪嘴停留片刻，并注意给药速度，避免猪低头时吐药及其他情况而造成饲喂量不足，否则应及时补饲。大栏饲喂时及时做好标记，防止漏饲。

饲料添加给药只适用于定位栏饲喂，无须进行饲喂驯化。在正式饲喂前，检查饲喂枪有无破损、漏液现象，同时校准饲喂枪刻度，清理料槽中水及剩余霉料，每次喂料前添加 100 ~ 200g 饲料到料槽中，将烯丙孕素药液注射到饲料上，让母猪采食完含药液的饲料后再正常饲喂。饲喂后及时关注料槽中有无剩余含药液饲料，记录标记未采食及未采食干净的猪，及时口服补给。

二、经产母猪性周期同步化

经产母猪在哺乳期间受到仔猪不断吮吸的刺激，垂体分泌大量催乳素。高浓度的催乳素抑制下丘脑 GnRH 的分泌，导致母猪哺乳期乏情。虽然母猪在哺乳期间发情被抑制，但此时的卵巢上仍然会形成 1 个由直径 2～4mm、30～50 个卵泡组成的卵泡群。而母猪断奶后没有了仔猪刺激，催乳素水平迅速下降，解除了催乳素对 GnRH 的抑制作用，下丘脑开始分泌 GnRH 并促使垂体分泌 FSH 和 LH，进而促进卵泡发育。因此，经产母猪可以通过统一断奶时间的方式来初步实现断奶后的性周期同步化。

三、繁殖异常母猪性周期同步化

繁殖异常母猪是指具有一定繁殖能力但乏情、返情、流产、空怀的母猪，也包括哺乳期短于 17d 的断奶母猪。在繁殖母猪不足、扩群初期和年更新率较低的情况下，繁殖异常母猪的再次利用对实现批分娩目标具有重要意义。这些母猪的性周期同步化与后备母猪的方法相同，可通过饲喂烯丙孕素来实现。

第二节
定时输精技术

母猪定时输精技术是利用外源性生殖激素，人为调控群体母猪的发情周期，使之在预定时间内同期发情、同期排卵，并进行同步输精的技术。定时输精技术的核心是性周期同步化、卵泡发育同步化、排卵同步化和配种同步化，四者互相依存、紧密联系。

一、定时输精技术的原理和分类

（一）定时输精技术的原理

性周期同步化后，卵泡发育同步化和排卵同步化是定时输精的关键。在卵泡发育和排卵过程中，生殖激素调节起着重要的作用。卵泡期早期，FSH 水平升高，促进颗粒细胞增生，激活雌激素合成，同时诱导卵泡内膜细胞形成 LH 受体。随着卵泡的发育，卵泡中激素受体增多，对激素的敏感性增强，使卵泡迅速生长。颗粒细胞合成雌激素增多导致其血浆浓度上升，引起 LH 分泌浓度升高，最终出现排卵前 LH 峰，引起成熟卵泡的排卵。卵泡发育过程中激素的调节机制，也成为人工控制卵泡发育和排卵的基础。

由于热应激、繁殖障碍性疾病、体重损失等原因，母猪常常存在激素分泌不足的问题，通过给予外源促性腺激素，可以促进卵母细胞的生长、增加卵泡的数量、减少卵泡在选择期的闭锁。目前在母猪上使用较为广泛和成熟的促进卵泡同步发育的外源性激素主要有 PMSG、PG600 和 GnRH 激动剂。PG600 是由 PMSG 和 HCG 组成的复方制剂，使用复方制剂的一个明显的风险即囊肿或卵泡黄体化。PMSG 400 IU 与 HCG 200 IU 复合以及 PMSG 700 IU 与 HCG 350 IU 复合，应用于后备母猪时卵巢囊肿率分别为 36% 和 88%，妊娠率分别为 65% 和 50%，而单独使用 PMSG 1 000 IU，后备母猪卵巢囊肿率仅为 4%。在断奶母猪中，PMSG 1 000 IU 处理后的妊娠率、产仔数、仔猪均匀度等指标均好于 PMSG 400 IU 与 HCG 200 IU 复合，因此 PMSG 是促进母猪卵泡发育的首选用药。此外，国外还使用 GnRH 激动剂来调控卵泡发育，但效果并不理想，尤其是在高温季节。

母猪经过卵泡发育同步化技术处理后，卵泡发育同步化程度较高，但是排卵的时间仍不够集中，需要注射促排卵药物，使母猪排卵时间一致，达到同期排卵、集中配种的目的。常用的促排卵药物有戈那瑞林（GnRH）、GnRH 类似物、LH、人绒毛膜促性腺激素（hCG）。其中，GnRH 可作用于垂体，引起内源性 LH 的合成并释放，其 LH 的释放模式更接近自然生理学状态。

（二）定时输精技术的分类

目前应用的定时输精技术主要分为以下两种类型。

1. 经典定时输精技术　母猪经性周期同步化、卵泡同步发育及同步排卵处理后，在固定时间点对全部母猪进行两次输精。此技术人力投入少，配种次数少，母猪利用率高，但对母猪繁殖性能同质化要求高。

2. 优化定时输精技术
（1）两点查情定时输精技术　该技术是以经典定时输精技术为基础，在诱导同步排卵处理时及第二次定时输精后 24h 这两个时间点对母猪进行发情鉴定，对两个查情点表现静立发情的母猪增加配种一次。此技术可良好应对母猪排卵的离散度，也能利用一部分排卵而发情不明显或不发情母猪，总体母猪利用率高，人力投入少，但配种次数多。
（2）发情促排定时输精技术　该技术是在经典定时输精技术的基础上，对促排卵时间进行了优化，母猪经同步发情、卵泡同步发育处理后，进行发情鉴定，对静立发情母猪即时进行促排卵处理，随后在固定时间点进行两次输精。应用此技术母猪配种受胎率高，配种次数少，有利于改善母猪群体质量，但对于管理相对差、静立发情率低的猪场，总体母猪利用率会偏低。

二、定时输精处理方案

（一）后备母猪定时输精处理方案

1. 性周期同步化　方法见第三章第一节后备母猪性周期同步化。

2. 经典定时输精　最后一次投喂烯丙孕素后 40h，后备母猪颈部肌内注射 PMSG 800～1 000 IU/ 头（图 3-2）；注射 PMSG 后 80h，颈部肌内注射 GnRH 100～200 μg/ 头，所有母猪间隔 24h 第一次输精，间隔 16h 第二次输精。

图 3-2　饲喂烯丙孕素（左）与颈部肌内注射激素（右）

3. 两点查情定时输精　在经典定时输精操作基础上，在注射 GnRH 时和第二次输精后 24h 增加两次发情鉴定，对两个查情点静立发情母猪即时输精。

4. 发情促排定时输精　最后一次投喂烯丙孕素后 40h，后备母猪颈部肌内注射 PMSG 800～1 000 IU/ 头；并于次日开始查情，出现静立发情的母猪颈部肌内注射 GnRH 100～200 μg/ 头；上午静立发情母猪注射后间隔 8h、32h 分别输精，下午静立发情的母猪间隔 16h、40h 分别输精。

（二）经产母猪定时输精处理方案

1. 性周期同步化　母猪同时断奶。

2. 经典定时输精　母猪断奶后 24h，颈部肌内注射 PMSG 800～1000 IU/ 头。注射 PMSG 后 72h 颈部肌内注射 GnRH 100～200 μg/ 头，所有母猪间隔 24h 第一次输精，间隔 16h 第二次输精。

3. 两点查情定时输精　基于经典定时输精操作基础上，在注射 GnRH 时和第二次输精后 24h 增加两次发情鉴定，对两个查情点静立发情母猪即时输精。

4. 发情促排定时输精　于注射 PMSG 次日开始查情，出现静立发情的母猪颈部肌内注射

GnRH 100 ～ 200 μg/ 头；上午静立发情母猪注射后间隔 8h、32h 分别输精，下午静立发情的母猪间隔 16h、40h 分别输精。

（三）异常母猪定时输精处理方案

批次化生产管理过程中，需要利用一些异常母猪，根据批次化生产计划，确定烯丙孕素处理时间，以便与后备和断奶母猪同步合批配种，具体处理方法参见上文后备母猪定时输精处理方案。

三、不同定时输精方案的特点

（一）经典定时输精

在各种定时输精技术中，经典定时输精技术在国外应用较多，适用于健康状况和管理良好的猪群，能够最大限度地减少劳动力的需求。在国内应用时，由于不同母猪群体况差异，按照经典定时输精技术处理，注射 GnRH 后 87.58% 的母猪在 24 ～ 48h 排卵（图 3-3）。仅在两个固定的时间点进行输精，常常导致一部分提前或延后排卵的母猪漏配，在不同猪场或同一猪场的不同批次间应用的效果不稳定。

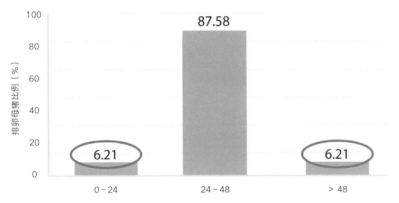

图 3-3　经典定时输精中注射 GnRH 后母猪排卵时间分布

（二）两点查情定时输精

两点查情定时输精和发情促排定时输精，是在经典定时输精技术从国外引进后，基于母猪生殖生理规律和国内养猪生产的需求，进一步改进和创新的、本土化的优化定时输精技术。两点查情定时输精在经典定时输精基础上增加两个查情点，对提前或延迟发情母猪增加一次输精，兼顾了排卵提前和推迟的母猪，能够提高母猪妊娠率。

（三）发情促排定时输精

发情促排定时输精则依据卵泡发育规律，母猪发情时卵泡直径更大、更集中（图3-4），此时进行 GnRH 诱导排卵，卵母细胞的成熟度和质量更好，有利于提高母猪的妊娠率和产仔数。

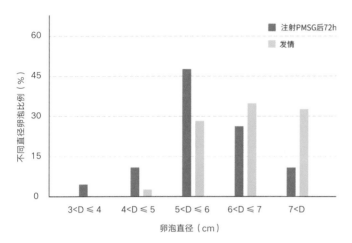

图 3-4　注射 PMSG 后 72 h 和母猪发情时卵泡直径分布

尽管定时输精增加了激素处理成本，但可提高发情率，也可避免因母猪发情不明显或隐性发情造成的漏配，提高了批次母猪分娩率，一般可达到 82%～90%。同时作为重要的管理措施，定时输精可以提高批次母猪配种的集中度，预知生产流程的时间节点，确保不同猪舍的清洁消毒干燥时间，防止批次间的母猪因混群导致的交叉感染。因此，定时输精可优化猪场生产管理方式，使生产更加可控，执行力强，可提高生产效率，节约人力成本，增加经济效益。

四、定时输精技术的影响因素

（一）猪群状态对定时输精的影响

应用定时输精技术的猪群应保证健康度良好，情期稳定，后备母猪要求达到性成熟，用药期间避免应激，避免接触公猪和免疫，避免调栏和饲喂量突变。母猪由于哺乳或其他原因导致过肥或过瘦，发情表现不明显，即使输精也容易返情；母猪日粮中由于部分营养物质缺乏，容易造成胚胎早期死亡，导致母猪返情或产仔数少。因此，配种前要注意母猪日粮和体况的调节。

母猪繁殖疾病也会不同程度地影响母猪的受胎率和产仔数。由于先天性或疾病原因导致母猪输卵管堵塞，输精后不会受胎。常见的子宫炎症，因母猪子宫角长，一旦发生子宫炎，治愈可能性很小。因此，子宫炎症主要在于预防，如果发生子宫炎，建议淘汰处理。饲喂烯丙孕素期间母猪乏情，子宫口闭锁，会导致子宫内炎症内容物无法及时排除，因此，应慎用患急性、亚急性、慢性子宫内膜炎的母猪。此外，如果母猪患有猪瘟、乙型脑炎、巴氏杆菌病等，容易造成胚胎早期死亡而导致母猪返情或产仔数少，应及时淘汰。

（二）技术操作对定时输精的影响

1. 烯丙孕素饲喂量不足

（1）在烯丙孕素饲喂过程中，需要及时对饲喂枪进行检查，如刻度有无误差、枪体有无破损、漏液、气泡，避免出现因饲喂枪问题而导致饲喂量不足或饲喂失败。

（2）使用饲喂枪饲喂时，需要待母猪抬头咬枪后顺势将药液注射到母猪口内，待母猪吃完药液后再饲喂下一头，避免母猪低头吐出药液而导致饲喂量不足及饲喂失败。

（3）饲料添加法饲喂时，要及时清理料槽中水及剩料，同时要避免一次投放饲料过少或过多，投放饲料过少则容易出现药液流入料槽底部，母猪无法采食而导致饲喂量不足；而投放饲料过多，则容易出现母猪无法采食干净，导致采食药液不足；饲料给药法饲喂后，须及时关注料槽中有无剩余含药液饲料，及时补饲，避免出现母猪采食药液不足。

2. 激素制剂的规范使用

（1）按照说明书的要求保存制剂，并且在保质期内使用。

（2）人员操作应注意安全，避免直接接触皮肤。

（3）应现用现配，开启后尽快使用完毕。

（4）PMSG 和 GnRH 制剂为颈部三角区肌内注射，注射到皮下会影响激素的吸收和作用效果，注射后要检查注射部位是否有漏液和出血，若有则需要在另一侧补打。

（5）按照要求剂量注射激素，不可随意增减。

3. 配种操作

（1）输精前应对母猪外阴进行清洗、消毒，避免将细菌或病毒带入母猪阴道或子宫而引起母猪子宫炎等疾病，影响人工授精效果。

（2）PMSG 处理后，可采用试情公猪诱情。母猪输精前 1h，不能接触任何公猪，以保证输精效果。子宫颈输精时，要求公猪在场并保证公母猪之间口鼻部的接触，刺激发情母猪分泌高水平的 OXT 促进子宫收缩，产生负压将精液吸纳至子宫，减少精液倒流。低剂量深部输精则不能有公猪在场，否则会影响内导管通过子宫颈口。

（3）卵子排出后在输卵管内维持受精能力的时间为 8～10h，精子维持受精能力的时间为 24～48h，精子在受精之前需要 6～8h 才能获能。定时输精程序中，因外源激素的应用，使母猪发情、排卵时间得到调控，配种时机更好把握，按流程的时间节点配种即可，可有效解决生产计划中"配多少，何时配"的问题。

（4）在观察母猪发情、输精等工作方面，配种员经验的丰富程度、技术水平的高低对母猪受胎率和产仔数影响较大。

（三）精液因素对定时输精的影响

1. 精液供应　充足合格的精液供应是人工授精成功的保障，精液供应量与配种头数相关，一般为配种头数的 2.5 倍。批次化生产与一般连续生产使用的精液总量基本一致，因其较强的计划性管理，使得精液供需更可预期。但因批次化生产中的集中配种，实施大批次（3 周批或 4 周批）的生产场需要对大批量精液的集中供应做好安排，小批次（周批次）生产场则基本无影响。

2. 精液品质　精液品质的好坏是影响母猪情期受胎率和产仔数的直接原因。精液品质的主要指标包括精子活力、密度和畸形率等。精子活力直接关系到母猪受胎率和产仔数的高低。大量研究表明，精液中死精率超过 20% 或精子活力低于 0.7 时，母猪的受胎率和产仔数就会降低。子宫颈输精时，合格精液的标准是精子活力不低于 0.7，精子畸形率不超过 18%，剂量为 80～100 mL，总精子数在 40 亿个；子宫内输精时，总精子数和精液量双减半。因此，每次采出的精液必须经过检查，合格的精液方能进行下一步的稀释、保存和使用，并且每一个阶段都应检查精液品质的变化。

3. 精液保存　由于精液稀释操作不当、稀释剂种类不一、温度控制不精准等因素，有时精液品质会在保存过程中明显下降。无论哪头公猪的精液，无论保存多长时间，使用前均要检查其品质，合格的精液才能用于输精。此外，还需要注意配种过程中精液的保管。在炎热的夏季或寒冷的冬季，精液瓶（袋）在外界的裸露时间太长，会由于热应激或冷应激而影响精液品质，降低精子活力，导致母猪的受胎率和产仔数下降。若输精数量较大，精液最好用恒温箱或泡沫箱盛放，夏季降温，冬季注意保温。

（四）器械因素对定时输精的影响

定时输精批次化生产中，同一批次集中配种母猪数量多、耗时长。长时间配种对技术人员要求更高，常常导致一批母猪先配和后配的效果存在差异。一些辅助器械的应用能够一定程度缓解批次集中配种的工作压力，提高工作效率，改善输精效果。

1. 深部输精管　母猪低剂量深部输精技术中应用了一种新型的深部输精管，精液可通过内导管直接输入子宫内。因此，与传统的输精技术相比，输精时不必等待精液被子宫吸收，输精速度更快且精液用量少。但其缺点是目前仅适用于静立发情的经产母猪，且输精管成本较常规输精管高。

2. 自动输精管　是一种最新研发的人工输精辅助工具，该输精管采用一体化仿生设计，既是配种工具也是精液储存容器。配种时，技术员将自动输精管导入母猪阴道并锁紧后，即可对下一头母猪进行操作。输精管导入母猪体内2min后，精液被自然加热到38℃，这时输精管顶端内部的热敏蜡胶融化，精液自然释放并通过子宫收缩和太空膜收缩被有效吸收（图3-5）。自动输精管由母猪自主控制整个输精过程，精液在母猪体内自然加热，随后被吸收。通过自动输精技术，使生产过程更规范，降低对人员技术的要求和依赖，可有效降低劳动强度及人为操作误差，节约配种时间，尤其适合大栏配种。自动输精管在后备母猪和经产母猪上均可应用，但输精管成本高，且需要配套相应的精液灌装机。

3. 输精夹 输精夹是近年来出现的一种人工输精辅助设备，具有把持输精管、精液容器和使母猪有被爬跨感受的作用（图3-6）。在输精前，将输精夹卡在母猪腰部；按照人工授精操作规范将输精管插入母猪阴道内；再将输精瓶（袋）固定于母猪输精夹后面的支架上；将输精管与输精瓶（袋）连接好，整体挂在母猪身上。输精夹能够模仿公猪怀抱，促进母猪子宫收缩将输精瓶的精液全部吸收到子宫颈内，完成输精操作。其优点是后备和经产母猪均可使用，节省输精时间，输精夹可反复使用，成本较低；但缺点是仅适合对限位栏中的母猪使用。

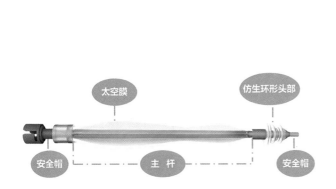

图3-5 自动输精管结构

图3-6 输精夹辅助输精

五、激素使用的安全性

（一）母猪对繁殖调控药物的依赖性

长期大规模使用繁殖调控药物，是否会让母猪产生药物依赖性是大家关心的问题。药物依赖性是指药物长期与机体相互作用，使机体的生理机能、生化过程或形态学发生特异性、代偿性和适应性改变的特性，停止用药可导致机体的不适或心理上的渴求。其产生条件有三点：一是药物长期与机体相互作用；二是体内代谢过程发生变化，需要建立新的代谢途径；

三是作用部位发生形态学改变。

根据欧洲药监局有关烯丙孕素、PMSG、GnRH、氯前列醇钠、缩宫素和卡贝缩宫素的总结报告，未见药物依赖性的报道。其中 GnRH、氯前列醇钠、缩宫素和卡贝缩宫素使用频率低，且半衰期都小于 1h，烯丙孕素在猪体内的半衰期为 9h，PMSG 半衰期为 35h，都不具备产生依赖性的条件。母猪一次皮下注射 PMSG 剂量为临床应用剂量的 25 倍时，或者连续 3 周 5 次皮下注射临床应用剂量，才可能因抗体产生耐药性，且 PMSG 直接作用于有受体的卵泡群卵泡，不对其他原始卵泡发挥作用，其作用的靶点是一次性的，不存在药物依赖的可能性。

（二）母猪连续使用定时输精对断奶发情的影响

在猪场批次化生产过程中，会对母猪连续多个胎次使用定时输精技术处理。连续的激素处理是否会对母猪的发情产生影响也是养殖者关心的问题。德国的 Wähner 教授对两个不同猪场连续 6 胎母猪的发情时间进行跟踪分析，结果表明母猪的断奶发情时间不仅没有增加，反而有减少的趋势（图 3-7）。

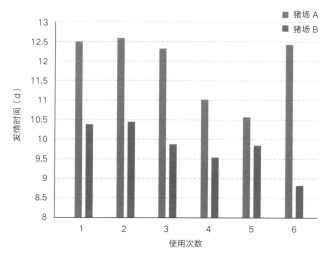

图 3-7　连续 6 次定时输精母猪断奶发情间隔

（三）定时输精技术对后代发情行为的影响

经典定时输精技术操作过程中不考虑母猪发情行为，在固定时间对所有母猪输精配种，使以往由于隐性发情而被淘汰的母猪也被保留下来，但这样是否会影响后代发情行为和遗传稳定性成为养殖者关注的问题。

研究表明，遗传 10 代后，群体中纯合隐性动物的数量是估计缺陷基因的群体影响和扩散程度的评估标准。德国的 Fischer 和 Wähner 以 2 个长白猪群体隐性基因频率变化为研究对象，只有 aa 纯合基因型才会表现隐性性状。经过 10 代定时输精母猪的遗传研究，结果表明，a 基因频率平均为 0.4%，aa 纯合子频率为 0.001 7%，育种实践中，这些较低的基因频率通常是可以忽略不计的。不发情基因出现频率和正常基因出现变异的频率无显著差异，说明促性腺激素没有对后代的发情性状造成负面影响。

第三节
人工授精技术

人工授精程序通常包括精液采集、品质检查、稀释与分装、保存与运输、输精前精子活力监测、输精等环节。但不同生产模式的猪场，其技术环节有所不同，自供精液猪场，不涉及精液运输环节；外购精液猪场，不涉及精液采集、品质检查、稀释与分装环节。猪人工授精技术流程见图 3-8。

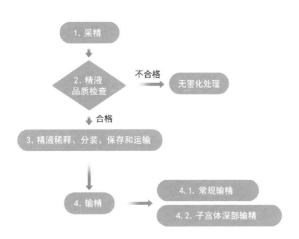

图 3-8 猪人工授精技术流程

一、公猪精液准备

（一）公猪调教

选择符合种用要求的适龄后备公猪（引入品种和培育品种宜为 8～9 月龄，地方品种宜为 5～7 月龄）进行采精调教。采集精液前，将其他公猪精液、包皮积液、发情母猪尿液或专用诱情剂喷涂在假台猪后躯臀部，将公猪引向假台猪，训练其爬跨；也可用发情母猪引诱公猪，待公猪性兴奋时快速隔离母猪，引导公猪爬跨假台猪，每天可调教 1～2 次，每次调教不宜超过 15 min。

（二）采精前准备

1. 采精公猪 剪去公猪包皮部的长毛，清洗包皮，将公猪体表冲洗干净并擦干。

2. 采精室 采精室的温度保持在 20～25℃。

3. 采精器械和质检设备 将集精杯置于 38℃恒温箱备用，并准备纸巾或消毒清洁的干纱布等。备好已消毒的精液分装器具、精液瓶（袋）等。调试精液质检设备，打开显微镜载物台恒温板电源，预热精子密度测定仪。

4. 精液稀释液 根据采精公猪数量和射精量，配制足量稀释液（通常为原精量的 3～5倍），置于水浴锅中预热至 35℃。

（三）采精操作

（1）用 0.1% 高锰酸钾溶液清洗公猪腹部和包皮，然后用温水清洗，纸巾擦干。

（2）采精员一手持集精杯（内装一次性采精袋并覆盖 2～3 层专用过滤纸，杯内温度 35～37℃），另一手戴双层手套（内层乳胶手套、外层 PE 手套），挤出公猪包皮积尿，按摩公猪包皮部，刺激其爬跨假台猪。

（3）待公猪爬跨假台猪并伸出阴茎时，脱去外层手套，用手由前向后用力锁紧阴茎螺旋状龟头，将阴茎的 S 状弯曲顺直，龟头露出，握紧阴茎龟头防止其旋转，使阴茎充分伸展，达到强直、锁定状态。

（4）待公猪射精时，最初射出的少量精液（5mL 左右）及最后射出的水样精液不收集，收集乳白或灰白色富含精子的浓精液于集精杯内。

（四）采精频率

根据公猪产精能力确定采精频率，成年公猪每周采精 2～3 次，青年公猪每周采精 1～2次。宜做到定点、定时和定人。

（五）精液品质检查

精液品质检查按照《猪常温精液生产与保存技术规范》（GB/T 25172—2020）规定执行。原精质量须达到以下标准（表 3-1）。

表 3-1　原精质量标准

序号	项目	指标
1	外观	呈乳白色，均匀一致
2	气味	略带腥味，无异味
3	采精量（mL）	$\geqslant 100$
4	精子活力（%）	$\geqslant 70$
5	精子密度（10^8 个 /mL）	$\geqslant 1$
6	精子畸形率（%）	$\leqslant 20$

（六）精液稀释、分装、储存和运输

精液稀释、分装、储存和运输按照《猪常温精液生产与保存技术规范》（GB/T 25172—2020）规定执行。

二、输精技术操作方法

（一）子宫颈口输精

1. 常规输精管输精

（1）输精前，输精员先清洁双手并消毒，然后用一次性纸巾清洁母猪外阴及邻近部位。

（2）撕开输精管密封袋，露出输精管海绵头部，在海绵头前端涂抹润滑剂（如输精管已经润滑剂处理，可省略）。然后，用手轻轻分开外阴，将输精管沿 45°角斜向上插入母猪生殖道内，越过尿道口后再水平插入，感觉有阻力时，缓慢逆时针旋转，并前后移动，当感觉输精管被子宫颈锁定时，即可准备输精。

（3）从精液储存箱中取出备好的精液瓶（袋），确认公猪品种、耳号等信息后，缓慢颠倒混匀精液，掰开瓶嘴（或撕开袋口），与输精管相连。

（4）根据母猪对输精和人工刺激的反应，通过调节输精瓶（袋）的高低控制输精速度，一般于 3～10min 完成输精。每次授精的输精量和直线前进运动精子数按照《种猪常温精液》（GB 23238—2021）规定执行。地方品种母猪输精量为 40～50mL，直线前进运动精子数 $\geqslant$ 10 亿个；其他品种母猪输精量为 80～100mL，直线前进运动精子数 $\geqslant$ 25 亿个。

（5）当输精管内精液完全进入母猪子宫体内后，降低输精瓶（袋）位置并保持约 15s，观察精液是否回流，若有倒流，再提起输精瓶（袋），直至全部精液彻底进入母猪子宫体内。

（6）为防止空气进入母猪生殖道，输精管应在生殖道内滞留 5min 以上，由其慢慢自然滑落。

（7）输精后，应及时记录母猪耳号、胎次、发情日期（出现静立反射的日期）、静立反

图 3-9 母猪输精栏示意
（引自张守全等，2002）

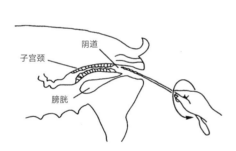

图 3-10 常规人工输精

图 3-11 发情母猪输精示意
（引自 PIC，1996）

射和预产期等信息，以及每一次输精的公猪耳号、输精时间以及输精员等信息。

母猪输精栏及发情母猪输精示意见图 3-9 至图 3-11。

2. 自动输精管输精

（1）灌装保存　将精液稀释后，可采用灌装机将精液灌至输精管内，随后可直接使用或水平放置于（17±1）℃保存。

（2）清洁外阴　清洁，消毒和擦净母猪外阴的内外侧。

（3）混匀精液　对准输精管顶端轻拍三下，使精液混匀；将其转动后再轻拍三下。

（4）折断管帽　在保持包装袋完整的前提下，将包装袋中输精管安全帽折断。

（5）打开包装　沿易撕口打开包装袋并拉袋口到尾部。

（6）涂润滑剂　对输精管仿生环形头部及太空膜上半部分涂抹润滑剂。

（7）安全插管　锁住输精管延长部分，将输精管斜向上45°缓慢插入母猪生殖道，直到感觉强劲阻力为止。若未受到阻力，则使用助推杆继续缓慢推入，直至感觉到强劲阻力为止。

（8）记录信息　确保输精管在原位相对固定，约2min后，精液自动射入子宫内（仿生输精），让母猪自主完成授精并做好配种记录。

（9）拔输精管　约8min后，斜向下45°缓慢拉出输精管。检查输精管仿生环形头部有无血液、脓液。自动输精管输精如图3-12所示。

图 3-12　自动输精管输精

3. 注意事项

（1）母猪的后躯及输精栏必须清洁、干爽。

（2）输精之前1h以内，发情母猪不应再见到任何公猪，直至输精。否则，母猪将对公猪不感"性趣"，导致输精效果差甚至失败。

（3）输精时要求有公猪在场，母猪在输精时与公猪保持口鼻接触，最好是唾液多的老年公猪。

（4）输精时应尽量采用各种方法刺激母猪以增强其生殖道的收缩，使精液"吸入"母猪体内，绝对不可以将精液强行挤进子宫。

（5）输精完毕，输精管保持在子宫颈一小段时间，也可有效地刺激母猪分泌OXT，增强生殖道的收缩，加速精液向子宫深部流动，减少精液倒流。

（6）输精完成后不应拍打母猪，否则将引起母猪应激，其分泌的肾上腺素将抵消OXT的作用，使母猪生殖道收缩突然停止，增加精液倒流的可能性。

（7）输完一头母猪后，立即登记配种记录，如实评分。

4. 输精评分　其目的在于如实记录输精时的具体情况，便于以后在母猪返情、失配时查找原因，制定相应的对策，在以后的工作中作出改进。输精评分分为三个方面、三个评分等级。

第一方面，母猪的站立发情：1分（差），2分（一些移动），3分（几乎没有移动）。

第二方面，输精管锁住程度：1分（没有锁住），2分（松散锁住），3分（持续牢固紧锁）。

第三方面，精液倒流程度：1分（严重倒流），2分（一些倒流），3分（几乎没有倒流）。

具体评分方法：如一头母猪站立反射明显，几乎没有移动，持续牢固紧锁输精管，几乎没有倒流，则此次配种的输精评分为333，不需要求和。

通过统计输精母猪的评分可知：适时配种所占比例，各位输精员的技术水平，返情与输精评分的关系等。为了使输精评分可以比较，所有输精员应按照相同的标准进行评分，且某个配种员负责一头母猪的全部2次或3次配种，实事求是地填报评分（表3-2）。

表3-2　发情母猪输精稳定情况评定

日期	母猪耳号	首配精液	评分	二配精液	评分	三配精液	评分	输精员	备注

（二）子宫体深部输精

1. 深部输精管　低剂量深部输精是用一种特制的新型输精管进行输精。这种输精管是在常规输精管内安装一导管，由外套管、内导管、海绵头、锁扣及输精口5部分组成（图3-13）。输精时，海绵头到达子宫颈口后，将内导管推出，使内管比原输精管多进入10～15cm，精液通过内管直接输入子宫深部。目前，推荐每头份深部输精的精液，在常规输精的基础上，采用双减半的原则，即精液量为40～50mL，含总精子数为20亿个，技术水平较好的猪场

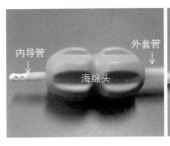
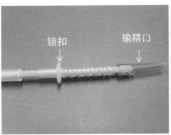

图3-13　低剂量深部输精管结构

精子总数可以低至 10 亿～15 亿个。其优点是输精速度快、精液用量少，缺点是输精管成本高。比较子宫颈输精（常规输精）与子宫内输精效果，当输入的总精子数为 10 亿个时，子宫内输精明显优于子宫颈输精；当输入总精子数大于 20 亿个时，两者效果类似。目前，深部输精技术已逐渐在养猪行业推广应用。

2. 低剂量深部输精

（1）输精前，输精员先清洁双手并消毒，然后用一次性纸巾清洁母猪外阴及邻近部位。

（2）取出深部输精管，保证内导管头部位于外套管内。撕开输精管密封袋，露出输精管海绵头部，在海绵头前端涂抹润滑剂（如输精管已经润滑剂处理，可省略）。然后，用手轻轻分开外阴，将输精管沿 45°角斜向上插入母猪生殖道内，越过尿道口后再水平插入，感觉有阻力时，缓慢逆时针旋转，并前后移动，当感觉海绵头被子宫颈锁定时，暂停操作 2～3min，使母猪子宫颈充分放松。

（3）分次轻轻向前推动内导管，每次推入长度不宜超过 2cm，前行如遇阻力，可轻微外拉或旋转再继续插入。当内导管前插阻力消失时，表明内导管前端已经抵达子宫体，继续向前轻轻插入，再次感觉到阻力时，表明内导管前端已抵达子宫壁，应停止插入，回撤 2cm 左右，用锁扣固定内导管，准备输精。

（4）从精液储存箱中取出备好的精液瓶（袋），确认公猪品种、耳号等信息后，缓慢颠倒混匀精液，掰开瓶嘴（或撕开袋口），将精液瓶嘴（或袋口）连接至内导管末端输精口。

（5）挤压输精瓶（袋）使精液输入子宫体，一般可在 30s 内完成输精；如遇挤压困难，应略微回撤内导管或使母猪放松 1～2min，再次挤压输精瓶（袋），以完成输精。每次授精的输精量和前向运动精子数按《种猪常温精液》（GB 23238—2021）规定执行。

（6）精液瓶（袋）中精液排空后，先将内导管缓慢撤出外套管，让输精管在生殖道内滞留 5 min 以上，然后慢慢拉出体外。

（7）输精后，应及时记录母猪耳号、胎次、发情日期（出现静立反射的日期）、静立反射和预产期等信息，以及每一次输精的公猪耳号、输精时间以及输精员等信息。

3. 注意事项　低剂量深部输精的关键是保持母猪安静和放松状态，尽量避免母猪受到刺激。查情、环境因素、管理等刺激都会使母猪因紧张而造成生殖道收缩，阻碍内导管头部的伸入，也容易对母猪子宫颈内膜造成机械性损伤，导致母猪阴道炎和子宫颈炎，给养猪生产造成损失。因此，深部输精时不能让公猪在场，尽量保持周围环境的安静，也不能在查情后立即输精，因为此时母猪正处于性兴奋状态，生殖道收缩会影响深部输精效果。

应注意，在插管时，先将外套管（海绵头）插入至母猪子宫颈后，停顿 2min，等母猪因插外套管引起的性兴奋（宫缩波）平静后，再插入内导管，比较容易些。在插入内导管时动作要轻，而且要分 2～3 次把内导管伸入 10～15cm，可避免内导管深入过长导致其头部偏向子宫角一侧，造成单侧受精，降低妊娠率和产仔数；又可有效防止因内导管插入不够深，其头部留在子宫颈内没有到达子宫体，造成精液回流，影响输精效果。内导管插入到位后，固定好内导管防止其在输精过程中前后滑动，影响输精效果。固定内导管的方式因产而异，有塞子、卡扣、卡槽等形式。内导管固定好之后，把精液通过内导管用力快速地挤入子宫体，然后将内导管快速从输精管中拔出。而输精管跟常规输精操作一样，后端折起并插入集精瓶（袋）中，输精管保留在母猪体内一小段时间后拔出。

子宫内输精用输精管如图 3-14 所示。不同输精方式和输精剂量对母猪繁殖性能的影响见表 3-3。

图 3-14 子宫内输精用输精管
（引自 PIC，1996）

表 3-3 不同输精方式和输精剂量对母猪繁殖性能的影响

项目	常规输精 （80mL， 30亿个）	子宫体深部输精			
		80mL， 15亿个	40mL， 15亿个	40mL， 7.5亿个	40mL， 5亿个
处理数量（头）	100	100	100	100	100
情期受胎率（%）	93%[a]	91%[ab]	95%[a]	94%[a]	87%[b]
分娩率（%）	86%[a]	86%[a]	88%[a]	89%[a]	80%[b]
总产仔数（头／窝）	11.37±1.69[b]	12.05±1.90[a]	11.76±1.33[ab]	11.81±1.55[a]	12.25±2.12[a]
活仔数（头／窝）	10.29±1.87[b]	11.53±1.93[a]	11.03±1.39[a]	11.14±1.84[a]	10.65±2.30[b]
健仔数（头／窝）	10.12±1.76[b]	10.44±1.56[a]	10.58±1.24[a]	11.86±1.69[a]	9.88±2.04[b]
活仔率（%）	90.50%	95.53%	93.82%	92.20%	86.94%
健仔率（%）	88.96%[a]	86.64%[b]	89.95%[a]	89.91%[a]	80.61%[b]

注：同行肩标字母不同表示差异显著（$P < 0.25$），相同表示差异不显著（$P > 0.05$）。

三、添加缩宫素改善人工授精效果

（一）配种过程中 OXT 的分泌和子宫收缩

人工授精后，精子无法靠自身的活动能力到达输卵管的壶腹部，这一过程主要依赖子宫的收缩，而子宫的收缩依赖于 OXT 的刺激。缩宫素是人工合成的 OXT 类似物，具有促进输卵管和子宫平滑肌收缩的作用，能提高精液的吸收量和运行速度，促进精子在输卵管和子宫中的运动，有效缩短精子运行到达受精部位的时间。

配种时，通过种公猪分泌外激素气味、口鼻接触等性刺激可促进母猪分泌 OXT，加快精子运行，提高母猪繁殖性能。而人工授精过程中，性刺激不足，母猪分泌 OXT 不足，导致子宫收缩能力下降，影响母猪的受胎率，进而影响猪人工授精效果（图 3-15）。因此，通过向精液中添加外源缩宫素以弥补人工授精过程中母猪 OXT 分泌不足，能提高人工授精效果。

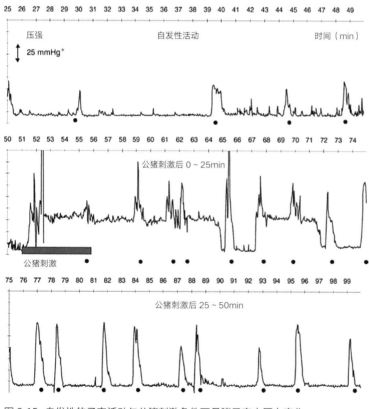

图 3-15　自发性的子宫活动与公猪刺激条件下母猪子宫内压力变化
（引自 Langendijk，2003）

---

*1mmHg=133.322Pa。——编者注

（二）精液中加缩宫素的效果

大量研究表明，人工授精时应用外源 OXT 处理可以在一定程度上提高母猪的分娩率、产仔数和活仔数，精液中加缩宫素对不同胎次母猪的影响如表 3-4 所示。结果表明，精液中加缩宫素能整体提高经产母猪的配种分娩率，尤其对初产母猪效果更好。

表 3-4　精液中加缩宫素对不同胎次母猪的影响

胎次	对照			精液中加10 IU缩宫素		
	数量（头）	配种分娩率（%）	窝产仔数（头）	数量（头）	配种分娩率（%）	窝产仔数（头）
2	206	80.0	10.6	112	90.9	10.7
3	165	83.8	11.0	96	89.6	10.4
4	120	88.0	11.1	69	95.6	11.2
5	79	86.5	10.7	60	89.7	10.9
6	72	94.2	10.7	42	92.7	10.8
>6	243	76.4	9.8	122	84.6	9.5
合计	885	82.5	10.6	501	89.8	10.5

研究表明，精液中加缩宫素能整体提高经产母猪的配种分娩率，尤其对夏季母猪效果更好（图 3-16）。

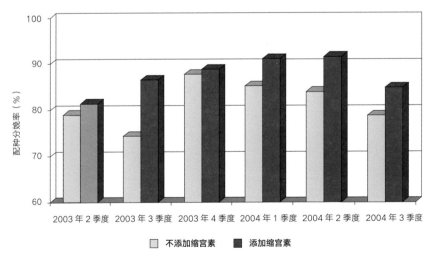

图 3-16　精液中加缩宫素对不同季节母猪的影响

（三）缩宫素的添加方法及其注意事项

采用普通输精管和深部输精管输精时，插入输精管后，输精前在输精管中先加入缩宫素 10IU，然后输精。采用自动输精管输精时，在精液稀释后分装前，按照每头份 10 IU 加入缩宫素。

缩宫素制剂显酸性，pH 约为 3.5，采用输精管中先加入缩宫素的方法最好。精液稀释后加缩宫素时，局部对精子有一定的刺激作用，宜边轻轻搅拌边缓慢加入。由于精液及稀释液本身是一个缓冲液系统，不会对精子产生实质性影响，但缩宫素在精液中不稳定，易分解失活，宜分装后尽快使用，最长不超过 12h。

添加缩宫素尤其适用于无公猪诱情时配种和批次化生产时大规模配种，可提高配种效率。

第四节
早期妊娠诊断技术

妊娠诊断是指在配种一段时间后，借助特定的器械、试剂等检查母猪是否妊娠的过程，又称为妊娠检查（简称"妊检"）。如果配种后母猪未妊娠，大部分母猪会在下一发情周期继续发情、排卵。但在现实生产中，一部分配种后未妊娠的母猪表现为隐性发情或者发情症状不明显，主要见于后备母猪和二胎母猪。因此，通过早期妊娠诊断能够及早发现未妊娠的母猪，从而及时处理这些母猪并再次配种，减少母猪的非生产天数，提高养殖效率。

一、妊娠诊断的原理

母猪配种后，若精子和卵子在输卵管相遇、受精，继而发育成早期胚胎在子宫内附植，则能够引起母猪繁殖生理和行为等发生一系列变化。根据妊娠后母猪生理和行为发生的变化，借助于特定的仪器，在配种后一定时间内根据检查结果判定母猪是否妊娠。总体而言，母猪妊娠后可发生以下变化。

（一）发情周期停止

若母猪已妊娠，则卵巢上排卵后形成的黄体发育为妊娠黄体，在妊娠早期分泌 P4 以维持妊娠，妊娠中后期 P4 则由胎盘合成。在妊娠至分娩前的时间内，因为母猪体内 P4 维持在较高水平，P4 负反馈抑制下丘脑 GnRH 以及垂体 FSH 和 LH 的合成和分泌，从而抑制卵巢的发育、成熟和排卵，母猪发情周期处于静止状态。

（二）代谢水平改变

母猪妊娠后，其基础代谢降低，对饲料中营养物质的利用率增加。妊娠后膘情迅速增加，至妊娠中期以后，由于胎儿迅速生长发育，母猪常分解部分在妊娠前期沉积的脂肪供给胎儿。

（三）生殖内分泌变化

除了P4水平变化以外，妊娠后雌激素的合成和代谢也发生了变化。猪胎盘E2合成始于妊娠第11天并持续整个妊娠期，对维持孕体存活和发育发挥关键作用。随着妊娠的进行，胎盘逐渐成为E2合成和分泌的主要器官，胎盘E2可释放进入母体和胎儿体内，影响物质代谢、胎儿发育和分娩。E2也对GnRH、FSH和LH具有抑制作用。

（四）胎儿生长和发育

配种后，如果精子和卵子在输卵管内完成受精过程，受精卵会下行至子宫角，在下行的过程中受精卵开始分裂和发育，从1细胞逐渐发育至2细胞、4细胞、8细胞和16细胞的卵裂球，大约在排卵后的第4天形成桑葚胚，桑葚胚吸取子宫养分后形成囊胚。囊胚发育过程中透明带消失，外层的滋养层细胞与母猪子宫内膜产生联系，凭借囊胚可大量摄取体液的能力，胚胎的体积和重量迅速增加。在配种结束后12～13d，胎盘开始与子宫建立更为密切的关系，胎盘开始附植；18～24d胎盘基本形成，母体的营养物质通过胎盘向胎儿发生转移，胎儿开始生长和发育；30d时胚胎重约2g，此后重量迅速增加；妊娠80d后，侧卧时即可看到母猪腹壁的胎动，腹围显著增大。

（五）行为变化

母猪妊娠后，表现为发情周期停止，性情温顺、安静，食欲增加，营养状况改善，毛色润泽光亮，行为谨慎安稳。

二、母猪的早期妊娠诊断方法

母猪的妊娠诊断方法有多种，如返情检查法、激素检测法（P4、硫酸雌酮等）、物理检查法（直肠触诊、超声波检查）以及外部观察法等。实际生产中从投入成本、操作便利性和结果准确性方面考虑，主要采用返情检查法和B超检查法，两种方法相互印证，能达到很高的准确率，及时有效地剔除群体中的空怀母猪。

（一）返情检查法

返情检查法是在母猪配种后一定时间依据母猪发情表现，判断母猪是否返情的方法。母猪配种后18～24d，用性欲旺盛的、健康的成年公猪试情或使用公猪气味剂刺激，若母猪拒绝公猪接近，并在公猪试情后 3～4d 不出现发情，可初步确定为母猪妊娠。在配种后 38～45d 进行第二次返情检查，如母猪仍不返情，其诊断的准确性会进一步提高。另外，有经验的配种员通过母猪配种后 18～24d 有无"静立反射"表现，来判断母猪是否返情，在实际妊检工作中，也经常被采用。

（二）B 超检查法

超声波检查是 20 世纪 60 年代发展起来的检测技术，目前已由 A 型、D 型发展到了具有二维图像的 B 型。B 超诊断作为一种成熟的母猪妊娠诊断方法得到广泛应用，其主要特点是操作方便、成本低、诊断结果准确性高。

1.B 超早期妊娠诊断技术的原理与方法　B 超是根据机体组织不同的声阻抗形成不同的回声反射，经信号收集和传递最终显示在屏幕上，根据图像的明暗规律将实质性、液性或含气性组织区分开来，达到了解组织大小和内部结构的目的。

母猪配种后一段时间后，使用 B 超体外经腹部或直肠检查获得子宫附近组织的图像，根据图像中明暗规律分辨子宫、胎儿及胎水等组织，可判断母猪是否妊娠及其大概妊娠天数。一般情况下，通过 B 超检查最早在母猪妊娠 18d 能检测到孕囊，在妊娠 21～35d 能够检测到胚胎的心搏信号。实际操作时，配种后 23d 左右用 B 超进行母猪妊娠检查，未能确诊的则在配种后 30d 左右再次用 B 超进行母猪妊娠检查。

2. 操作步骤　一般母猪 B 超妊娠检查使用体外经腹部探测法。该方法母猪无须保定，B 超妊娠诊断前准备好 B 超仪、耦合剂、妊娠检查母猪清单、记号笔 / 记录笔，使用前检查 B 超仪，确保电量充足，能够正常使用。

探测部位选择母猪腹部贴近后腿的位置，最后 1 对乳房左右两边（此部位被毛稀少，无须剪毛），随着妊娠日龄的增长，探查部位逐渐前移，最后可达肋骨的后端（图 3-17）。探测

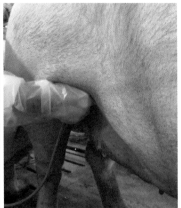

图 3-17　母猪 B 超妊娠检查的位置

时 B 超探头频率设置为 1～5MHz，将耦合剂均匀涂抹在 B 超探头上，也可抹在母猪待探测的部位；将探头与母猪体轴垂直，再向上 45°角用力顶在母猪身体上（注意避免耦合剂脱落或者碰到母猪身体其他部位），手持探头进行扇形扫描或者滑动扫描，先找到膀胱（暗区）、肠管或子宫的强反射区（亮区），然后在附近寻找胚胎的弱反射区（暗区）。

3. 结果判定 B 超妊检声像图中典型的胚胎声像图是圆形或椭圆形的黑色斑块，外包一圈较亮的妊状带。在实际检测时受母猪年龄、体况、胎龄、卧姿和胚胎数量等情况的影响，检测出来的声像图会有所不同。在进行妊检时一般应该先找到一些易探测、易识别的器官作为参考来确定探测的大致位置。

母猪妊娠不同阶段子宫 B 超图像如图 3-18 所示。

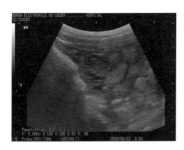
未妊娠母猪腹部 B 超——子宫角

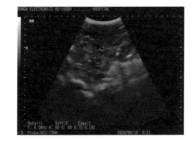
未妊娠母猪腹部 B 超——卵泡

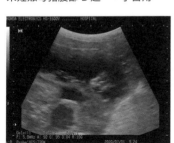
妊娠 20d 孕囊

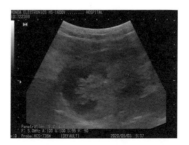
妊娠 30d 孕囊

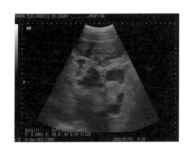
妊娠 40d 孕囊

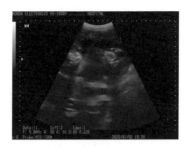
妊娠 60d 孕囊，骨骼可见

图 3-18 母猪妊娠不同阶段子宫 B 超图像

（三）其他诊断方法

母猪妊娠早期出现的 P4 和雌激素水平的变化也可作为指标判断妊娠与否。母猪妊娠早期外周血中 P4 和硫酸雌酮（E1S）浓度显著高于未妊娠母猪，可在配种后 21 ～ 30d 作为标记物判断母猪是否妊娠。目前，市场上也有基于 P4 标志物开发的猪用测孕试纸条，但不同公司生产的试纸条灵敏度不一，可经前期验证后再选择使用。

近些年，出现了依据猪早孕因子蛋白（early pregnancy factor，EPF）检测母猪是否妊娠的方法。EPF 检测对妊娠母体具有很高的特异性，母猪受精后 24h 可在血清中检测到 EPF 活性，且在猪体内几乎持续整个孕期，一旦妊娠终止，血清中 EPF 立即消失。因此，EPF 对母猪早期和超早期妊娠诊断有着重要意义。目前检测 EPF 活性的经典方法是玫瑰花环抑制试验，其含量以玫瑰花环滴度（RIT）表示。

三、早期妊娠诊断的注意事项

返情检查法的准确性有较大的差异，母猪繁殖状况越好，通过返情检查进行妊娠诊断的准确性越高；但当猪场管理混乱、饲料中含有霉菌等毒素、炎热、母猪营养不良时，母猪持续乏情或假妊娠率会增高，这种情况下，母猪配种后通过检查返情情况判断妊娠，就会有部分母猪出现假阳性诊断结果。因此，通过返情检查进行妊娠诊断的准确性高时可达 92%，但低时会低于 40%。

B 超检测时母猪最好保持站立状态，喂料时侧面检测能减少母猪的应激。测定时探头指向腹部向前、向侧面 45°，并确保测定仪的头部与皮肤保持良好的接触。20d 孕期左右的母猪，由于羊水太少，图像不好判断，准确度也会因检测人员经验而受到影响，容易造成误判，而且检查时间长，耗费人力，建议配种后 23 ～ 30d 进行操作。

第五节
诱导分娩同步化技术

诱导分娩又称分娩控制，是指在母畜妊娠末期的一定时间里，采用外源激素制剂处理，在不影响母畜分娩成绩与自身体况的基础上，控制母畜在人为确定的时间范围内分娩，产出正常的仔畜。批次化生产管理技术要求实现同批次生长猪群的"全进全出"，而诱导同批次妊娠母猪在相对集中的时间内分娩，是推进批次化管理工艺流程有节奏地进行生产的关键环节。国内外的应用研究表明，在批次化管理方案中对预产期前 1～2d 的母猪采用药物诱导分娩，不但能使同批次母猪分娩时间高度同期化，而且安全可靠。

一、诱导母猪分娩同步化的意义

（一）有利于安排接产和产后护理

诱导分娩技术是一种调整母猪生产节律和提高生产效率的手段。使用诱导分娩技术，将绝大多数母猪分娩时间调整到白天，方便工作人员有足够的精力接产，能及时助产，确保新生仔猪及时摄取初乳，减少仔猪因缺氧而导致窒息或后期发育受损，减少仔猪因没有及时保温而受凉、染病致死。分娩接产的细致与否是影响活产仔猪数和产后仔猪存活率的重要因素。Sánchez-Aparicio 等（2009）研究发现，给猪进行诱导分娩处理后不进行接产护理，仔猪死亡率跟自然分娩的对照组相似，并发现母猪分娩时仔猪缺氧的频率增加，弱仔数增加。另有研究表明，对诱导分娩后在白天分娩的母猪开展接产护理，而夜间产仔的母猪没有护理，则仔猪的死亡率差异极大。这说明，仔猪死亡率下降的原因是得到了细致护理，而在使用诱导分娩后死亡率没有改善，主要还是接产工作没有得到足够的重视。

（二）有利于避免母猪夜间分娩，减少夜间接产工作量

猪场人力资源紧缺，如何提高员工福利、增强员工对企业的忠诚度是养猪企业一直在探索的问题。在猪场实际生产中，分娩母猪接产岗位的劳动强度较高，主要原因是自然分娩的情况下，母猪大多在夜间分娩，接产工作人员通宵工作是常态。为了减少夜间分娩仔猪的死亡率，企业不得不增加产房工作人员或岗位薪酬。但人在后半夜最为疲乏，极易犯困而错过母猪分娩时间，同样造成不可避免的经济损失。诱导分娩可以提高劳动效率，最大限度地减少周末分娩，并使大部分母猪于白天工作时间分娩，便于合理地调整人员，加强对猪群特别是新生仔猪的管理，减轻员工的劳动强度。

（三）有利于安排新生仔猪的寄养和调换

随着我国猪育种技术的提高和外来种猪品种的引进、繁殖新技术的应用、饲养管理条件的改变等，母猪的产仔数在原来的基础上得到极大的提高。很多猪场的母猪窝产仔数达到了 13 头以上，15～20 头的也不少见。但母猪的有效哺乳乳头一般是 14 个，母猪产出仔猪较多时，需要及时寄养。最佳寄养时机是仔猪刚出生或出生 6h 内，且必须要让每只仔猪都能吃到初乳。采用诱导分娩技术，将绝大多数母猪调整到白天分娩，且同批母猪集中在同一时间段内分娩，可以更方便地开展仔猪的寄养工作。由于寄养及时，寄养仔猪间不会出现不融洽或初乳摄入不足的问题，有利于均衡窝哺仔猪数，提高哺乳仔猪存活率，使仔猪生长发育整齐，体重均匀度好，为执行母猪集中断奶，实行全进全出以及严格的卫生防疫措施，统一进入下一个繁殖周期作好准备。

（四）有利于缩短同批母猪分娩持续时间

在饲养管理中，常以妊娠114d或115d计算母猪的预产期。但在生产实际中，母猪的妊娠期长短是不同的，最短108d，最长123d，可相差15d。虽然分娩高峰在妊娠的114～115d，但仍有20%左右的母猪在妊娠114d前分娩，有近35%的母猪在116d以后分娩（图3-19）。同批母猪妊娠时间差异大，产仔护理工作量加大，且使同批仔猪的哺乳时间差异增大，会增加后续的批次断奶难度。采用诱导分娩技术，在母猪妊娠的114d用PG处理，再于115d使用卡贝缩宫素，可使几乎100%的母猪在注射卡贝缩宫素的当天结束分娩，减少接产工作时间，提高仔猪整齐度；也可为断奶后产仔舍的清洗消毒留足时间，减少病原体污染的风险。

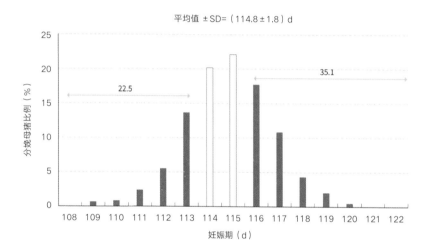

图3-19 母猪妊娠期长度的频率分布
（引自Tospitakkul，2019）

二、诱导母猪分娩同步化的原理

诱导分娩是在理解分娩机制的基础上，利用外源激素模拟自然分娩时的激素变化，调整分娩的过程，通过提早或延迟分娩启动实现母猪分娩同步化。

猪的分娩是由胎儿发动的，当胎儿发育成熟时，胎儿胎盘分泌大量雌激素，一边刺激子宫内膜合成OXT受体，一边导致母猪P4分泌减少。OXT受体与OXT迅速结合，引起子宫收缩；而P4水平下降，使子宫活动的抑制作用逐渐解除。同时，胎儿分泌皮质醇，刺激子宫内膜产生大量$PGF_{2\alpha}$，转运到卵巢，导致黄体溶解和终止P4的产生。P4浓度降低，雌激素刺激子宫肌收缩。另外，$PGF_{2\alpha}$还刺激黄体释放松弛素，使子宫颈和产道发生松弛和开张，从而启动分娩。

在分娩过程中，胎儿和胎囊前置部分对子宫颈及阴道产生压迫性刺激，反射性地引起母猪释放更多的 OXT，使子宫的节律性收缩加强，从而产出胎儿；OXT 还可刺激乳腺肌上皮细胞收缩，引起放乳。

诱导分娩即是在胎儿发育成熟时，外源注射 $PGF_{2\alpha}$，诱导妊娠黄体溶解，并启动机体产生一系列的分娩程序，从而达到诱导母猪分娩同步化的目的。

三、诱导母猪分娩同步化的常用方案

为了提高母猪诱导分娩的同步化水平，人们将 PG 与缩宫素联合使用，改善诱导分娩效果，但缩宫素对死产仔猪比例和新生仔猪存活力存在一定程度的不良影响。Gericke 等（1990）用卡贝缩宫素代替缩宫素与 PG 联合使用诱导母猪同期分娩，发现 PG 注射 24h 后再注射卡贝缩宫素，比缩宫素更早启动分娩，可增加母猪在白天的工作时间内分娩的比例，且减少分娩持续时间，同时没有发现新生仔猪有不良症状。大量研究证实，PG 与卡贝缩宫素联合诱导母猪同期分娩是安全可靠的方案。

仔猪在妊娠后期的生长发育极为重要，如果过早进行分娩诱导，可能会出现如仔猪死亡率较高、初生重低、生长发育缓慢、八字形腿、死胎及初乳成分发生改变等问题。因此，养猪生产中，猪场应在充分了解本场饲养猪群的平均妊娠期的基础上，采用适当的诱导分娩方案。

（一）单次注射前列腺素

于母猪预产期前一天的 9:00—11:00，给母猪颈部肌内注射或后海穴一次注射氯前列醇钠 0.2mg。将母猪发情第一次配种的日期定义为妊娠 0d，母猪的妊娠期平均为 115d，因此诱导分娩时间一般定为妊娠第 114 天。单次注射 PG 诱导分娩的母猪白天分娩率为 70%～80%，有 20%～30% 的母猪不能在白天分娩。

（二）分剂量注射前列腺素

将 0.2mg 的氯前列醇钠分两次注射给母猪，以诱导分娩。在母猪预产期前一天的上午 9:00—11:00，给母猪颈部肌内注射或后海穴一次注射氯前列醇钠 0.1mg，间隔 6h 后再注射另一半剂量的氯前列醇钠（0.1mg）。分剂量注射 PG 诱导分娩的母猪白天分娩率为 80%～90%，白天分娩的比例比单次注射 PG 高，但增加了工作量。

（三）前列腺素 + 卡贝缩宫素

于母猪预产期前一天的 9:00—11:00，给母猪颈部肌内注射或后海穴一次注射氯前列醇钠 0.2mg。第二天 9:00，对前一天注射药物且未分娩的母猪同部位注射卡贝缩宫素 35μg（有无分娩征兆的母猪都可注射），对无分娩征兆的母猪可提前启动分娩，对有分娩征兆的母猪可缩短产程。联合用药可使几乎 100% 的母猪在使用卡贝缩宫素当天的 18:00 前完成分娩。

四、诱导母猪分娩同步化的注意事项

（一）正确计算母猪预产期，准确实施诱导计划

1. 过早诱导分娩，影响胎儿肺部发育　猪的胎儿非常特别，其肺部发育主要发生在妊娠末期，在妊娠 100d 时没有一个胎儿的肺发育至囊状期，但在妊娠 114d 左右，肺已经完全发育。因此，采用诱导分娩的时机选择非常重要。诱导时间过早，可能会导致胎儿肺部发育的不完全而影响产后存活。不同品种、品系的母猪妊娠期长短不同，最短仅 108d，最长可达 123d，其中也存在个体差异的因素。养猪生产中，不能简单地以妊娠 114d 或 115d 作为本场母猪的预产期。在制订诱导分娩计划时，应综合考虑本场饲养母猪的品种品系平均妊娠期来确定预产期。

2. 过早诱导分娩，损失胎儿初生重　根据妊娠后期仔猪的发育规律，出生前的日增重为 70 ～ 100g。仔猪的初生重对其哺乳期的生长发育、断奶重以至出栏时的饲养天数都有重大的影响。妊娠 114d 的仔猪比妊娠 113d 的仔猪初生重多 100g 左右，因此提前诱导分娩将对仔猪的初生重造成严重的损失（图 3-20）。

在精准式批次化生产中母猪应用定时输精技术，配种在 2 ～ 3d 完成，注射氯前列醇钠的当天（预产期前一天）应有 40% ～ 50% 的母猪能完成分娩，剩余 50% ～ 60% 的母猪能在诱导分娩后第二天完成分娩。而简约式母猪批次化管理技术中，由于同批次发情母猪配种

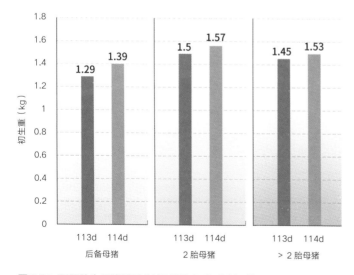

图 3-20　不同胎次母猪诱导分娩时间和初生重之间的关系

持续时间长（3d至1周），建议选择同批母猪中有80%左右自然分娩时注射氯前列醇钠，剩余20%左右的母猪能在第二天完成分娩，尽可能缩小同批次仔猪的出生时间差异。需要注意的是，注射氯前列醇钠的时间最好不要早于妊娠113d。

另外，在记录和计算过程中要小心仔细，避免因计算出错而导致在非计划时间内错误用药，造成不必要的经济损失。

（二）了解激素作用机制，慎重选择联合用药方案

由于单独使用PG诱导母猪白天分娩的比例最高不到90%，为了提高母猪白天分娩的比例，有不少研究推荐PG和缩宫素联合使用。但缩宫素的使用易引起高频率的强直性子宫收缩，暂时性减少子宫血流量。稍长时间的子宫血液流量受限，会直接导致胎儿缺氧，出现心动过缓和酸中毒等现象。严重的子宫收缩会造成胎儿窒息死亡或脐带损伤。因此，不建议将缩宫素用于诱导分娩。如果必须使用，建议在母猪产出第6头或第7头仔猪后使用。

卡贝缩宫素是一种新型的长效缩宫素，具有与缩宫素相似的临床和药理特征，与OXT受体结合使子宫在短时间的舒张间隔后产生有节奏的持续收缩。猪在分娩时高度敏感，容易受外源环境（如噪声）的影响而中断子宫收缩。卡贝缩宫素的使用，可使母猪分娩时不易受到外源干扰，有足够的子宫收缩幅度和持续时间。另外，卡贝缩宫素可有效缩短用药至分娩的间隔时间，缩短产程和平均产仔时间。因此，推荐PG和卡贝缩宫素联合使用，诱导母猪分娩。

（三）关注诱导分娩过程中的死胎

母猪在分娩过程中有生产死胎的风险，尤其是头胎和7胎以上母猪。经产母猪80%以上的死胎发生在分娩的后三分之一阶段，其主要原因是产道狭窄（多见于头胎母猪）或胎儿大，同时随着产程的延长，母猪乏力，使胎儿在脐带断裂后不能及时产出。如果采用PG及其类似物诱导分娩，不仅不会增加死胎数，反而可通过增加白天分娩率，使分娩母猪得到更多照顾而减少死胎。采用PG及其类似物与卡贝缩宫素联用时，可关注产仔间隔超过30min的母猪和分娩将要结束时的母猪，必要时人工助产，以减少分娩过程中的死胎。

（四）仔细观察母猪体征，灵活判断是否实施诱导

养猪生产中，有部分母猪会于预产期前自然分娩。诱导分娩一般是在预产期前一天的早上执行。技术员在给母猪注射PG时，应仔细观察母猪的身体反应，如果判断母猪将在4h左右分娩，可不注射PG，避免造成不必要的浪费。

Muzhu Picihua
Shengchan Guanli Jishu

第四章
母猪批次化生产管理的组织实施

　　传统的连续式养猪模式下，母猪发情鉴定、配种、妊娠诊断、分娩与接产等工作时间分散，并且相互之间交叉重叠、循环往复，导致生产管理上疲于应付、高耗低效。同时，连续式养殖模式的猪场难以实现全进全出、彻底洗消和干燥，导致病原微生物长期驻留，使猪场时时面临生物安全风险的考验。为帮助猪场建立母猪批次化生产的流程化管理，本章阐述了批次化生产的特点以及组织实施中应重点考虑的繁殖指标，分析了不同批次化生产模式的繁殖周期、批次设置和栏舍配套等相关参数指标，阐明了母猪批次化生产管理的实施步骤和流程化管理，并对影响母猪批次化生产的因素进行了深入分析。

母猪批次化生产的相关术语和繁殖指标

同传统生产相比，母猪批次化生产是一种技术要求高、管理更精细、生产可控、计划性强和更便于考核的生产方式。如果组织实施中计划科学、管理合理，可使批次化生产高效运转。然而，一旦繁殖效率不能达到预期，就会降低栏位、产床等资源利用效率，造成较大浪费，增加后续批次母猪更新率，降低生产效率和效益。因此，合理设置生产线中不同阶段的繁殖指标，有助于批次化生产的高效运行。母猪批次化生产中，除一般繁殖术语和繁殖性能指标外，还需要关注批次待配母猪发情率、受胎率、分娩率、总受胎率和总分娩率，才能科学评估母猪批次化生产效率，同时科学合理地计划批次后备母猪补充和异常母猪的再次利用，对实现批次分娩目标，确保后续批次化生产高效运转具有重要意义。

一、批次化生产的相关术语

（一）后备母猪

后备母猪是指被选留后但尚未参加配种的母猪。

（二）经产母猪

经产母猪是指已经分娩 1 次及以上次数的母猪。

（三）繁殖异常母猪

繁殖异常母猪是指配种后空怀、返情、流产，但仍具有繁殖潜能、尚未淘汰的母猪，特殊情况下，也包括哺乳期短于 17d 的断奶母猪和非配种期发情的母猪。

（四）待配母猪

待配母猪是指所有准备参加配种的母猪，包括断奶母猪、补充的后备母猪和繁殖异常母猪。

（五）能繁母猪

能繁母猪数是指达到配种日龄的后备母猪和经产母猪。

（六）母猪年更新率

母猪年更新率是指全年后备母猪分娩总胎数占能繁母猪数的比例。

（七）断配期及配种期

断配期是指母猪断奶至首次配种的时间。配种期是指同一批母猪从首次配种到配种结束的时间。精准式采用定时输精时，断配期为5d，而配种期为2～3d；简约式采用查情配种，若配种期为4d，断配期为5～7d，若配种期为7d，则断配期为5～10d。

（八）繁殖周期

繁殖周期通常是指母猪成功繁殖一胎所需的时间，包括母猪断配期、妊娠期和哺乳期。

二、批次化生产中的繁殖指标

（一）批次母猪发情率

批次母猪发情率是指在一个批次的配种期范围内，该批次待配母猪中静立发情数占批次待配母猪数的百分比。

每批次待配母猪都由后备、经产和繁殖异常母猪组成，而三种母猪在胎次、生理状态、调控方式上的差别，常常会导致发情率的较大差异。批次母猪发情率直接关系到批次分娩目标的实现，是制订后备母猪补充计划的重要技术参数。

（二）批次母猪受胎率

批次母猪受胎率是指批次妊娠母猪数占批次待配母猪数的百分比。

与以往连续式生产中的母猪受胎率不同，该指标不仅反映了配种的效果，也涵盖了发情对母猪参配率的影响，体现的是母猪的利用效率，是对母猪批次化生产配种效果考核的重要技术指标，需要按照后备、经产和繁殖异常母猪分别进行统计，是制订后备母猪补充和繁殖异常母猪利用计划的重要技术参数。

在简约式母猪批次化生产中，批次母猪受胎率 = 母猪受胎率 × 批次母猪发情率；在精准式母猪批次化生产中，批次母猪受胎率 = 母猪受胎率。

（三）批次母猪分娩率

批次母猪分娩率是指批次分娩母猪数占批次待配母猪数的百分比。

与批次母猪受胎率一样，该指标也体现了母猪的利用效率，是批次化生产中考核配种和妊娠环节的重要指标，需要按照后备、经产和异常母猪分别进行统计。通常，批次母猪分娩率比批次母猪受胎率低2～8个百分点，可用于校正后备母猪的引种和异常母猪利用计划。

第二节
母猪批次化生产特点及管理参数

不同类型的母猪批次化生产各有其特点，类型的选择要根据猪场繁殖技术指标、种源状况、管理水平、环境调控等具体情况而定，所采用繁殖调控的方法不同，会导致生产中管理方法和效果的巨大差异。母猪批次化生产参数既涉及猪场设施方面的硬件设施参数，也包括与硬件参数相匹配的猪群批次配置与周转等猪群管理参数。其中，硬件设施参数包括产房单元数及产床数、配怀舍单元数及定位栏数或总定位栏数等；猪群管理参数包括不同批次化生产模式下的母猪繁殖生产周期、母猪分批数、洗消时间等。这些参数设置的科学与否直接关系到各批次母猪生产的顺利衔接以及猪群组织的合理性，并最终关系到猪场产能的发挥。

一、不同批次化生产模式的特点

（一）精准式母猪批次化生产

采用精准式母猪批次化生产的国家主要有德国、东欧各国、中国等，其最大的特点是在采用同期发情技术的基础上，进一步应用定时输精技术，实现卵泡发育和排卵的同步化，使批次配种和分娩的时间更加集中，同时母猪发情率更高，利用率也更高。该模式适用于任何猪场，特别是猪场疫病风险较大、夏季热应激大、环境调控设施不完善、管理水平不高等条件下，选择该模式也能够实现猪群的批次化管理。在上述国家应用时，批次母猪受胎率和分娩率得到了大幅提高，即使不利用繁殖异常母猪，母猪年更新率也可控制在45%以内。

（二）简约式母猪批次化生产

采用简约式母猪批次化生产的主要国家有丹麦、荷兰、法国、加拿大、美国等，主要采用烯丙孕素同期发情技术。这种模式要求猪场的疫病风险小、母猪年更新率高、夏季热应激小、环境调控设施完善、管理水平高等，一个重要的指标是断奶7d内发情率要高，即使在夏季也应达到90%左右，只有这样才有可能顺利实现批次化生产。上述国家应用时，批次待配母猪能获得较高的受胎率和分娩率，需要后备母猪种源充足，基本不再利用繁殖异常母猪，母猪年更新率平均达到55%，高的甚至达到65%。但对疫情不稳定的猪场，高更新率会增加疫情风险，产得多不一定出栏多。

二、母猪批次化生产参数

（一）批次化生产母猪的繁殖周期及分批数

母猪的繁殖周期中妊娠期长度相对固定，断配期和哺乳期的长短决定了母猪繁殖周期的长短。母猪繁殖周期和母猪分群数因批次化生产模式而异。

1. 以周为单位的批次化生产 一般情况下，生产企业习惯按周安排员工作息时间，以周为单位进行批次化生产，不但人员组织和休息最为合理，也方便生产推算和人员记忆。生产中，母猪的断配期一般为断奶后5～10d，妊娠期相对固定为114d，为兼顾母猪繁殖效率提高和母猪产后恢复，哺乳期一般设定为21d或28d，以周为单位组织批次化生产即繁殖周期为140d（即20周）或147d（即21周）两种情况，可形成以1周、2周、3周、4周、5周为间隔的批次化生产模式。其中1周批比较特殊，最大哺乳期可设定为21d或28d两种情况，分别称为1周批A和1周批B。

母猪繁殖周期与母猪分批数紧密相关，母猪分批数可通过下述公式进行计算：母猪分批数＝繁殖周期（周数）÷批次模式（周数）。为保证批次间顺利衔接，确保生产的连续性，该公式的计算结果应为整数，即实际的母猪分批数。不同类型的周批次化生产模式下，母猪繁殖周期所包含的断配期、妊娠期、哺乳期参数见表4-1，母猪分群参数见表4-2。

表4-1 不同周批次化生产模式下母猪繁殖周期参数（d）

类型	批次化生产模式	断配期	妊娠期	哺乳期	繁殖周期
精准式母猪批次化生产	1周批A、2周批、4周批、5周批	5	114	21	140
	1周批B、3周批	5	114	28	147
简约式母猪批次化生产	1周批A、2周批、4周批、5周批	5～10	114	15～21	140
	1周批B、3周批	5～10	114	22～28	147

表4-2 不同周批次化生产模式下母猪分批数

项目	批次化生产模式					
	1周批A	1周批B	2周批	3周批	4周批	5周批
繁殖周期（周）	20	21	20	21	20	20
分批数（批）	20	21	10	7	5	4

如表 4-1 所示，采用简约式母猪批次化生产时，断配期为 5～10d，为保证 140d 的繁殖周期和哺乳母猪同日断奶，部分配种晚的母猪哺乳期就要有所缩减。然而实践表明，哺乳期最短不低于 18d，才不会影响母猪断奶后发情率和产仔数。缩短哺乳时间不但会增加仔猪保育期压力，而且过早断奶的母猪生殖道和卵巢状态都未达到理想功能状态，会降低随后的繁殖性能。以 1 周批 A、2 周批、4 周批、5 周批生产模式为例，简约式批次化生产时哺乳期最短的母猪仅为 15d；而 1 周批 B、3 周批两种模式，即使断配期为 5～10d，哺乳期也能保证 22d 以上。而采用精准式母猪批次化生产时，不管是哪种批次化生产模式，哺乳期都能保证在 21～28d。

如表 4-2 所示，以周为单位进行母猪批次化生产时，为满足批次间有效衔接，确保生产的连续性。2 周批、4 周批和 5 周批模式的繁殖周期为 20 周，3 周批模式为 21 周，1 周批模式既可以选择 20 周（1 周批 A），也可以选择 21 周（1 周批 B）。

2. 非整周的母猪批次化生产　由于种源条件、硬件设施、管理水平等差异，一些猪场认为仔猪 21d 断奶太早，较难饲养，而在 28d 断奶又会增加繁殖周期，降低母猪年产胎次，因此选择在 24～25d 断奶。这种情况下可考虑采用 9～12d 的批次化生产类型，即在妊娠期 114d、断配期 5～10d 两个指标参数固定前提下，通过调节哺乳期时长（21～28d），使母猪繁殖周期在 140～147d 变动。同样，母猪分批数 = 繁殖周期（天数）÷ 批次间隔（天数），为保证批次间有效衔接，确保连续生产，该公式计算结果也必须为整数。非整周批次化生产模式下精准式母猪批次化生产繁殖周期及分批具体参数见表 4-3。

表 4-3　非整周批次化生产模式下精准式母猪批次化生产繁殖周期及分批参数（d）

项目	批次化生产模式			
	9d批	10d批	11d批	12d批
断配期	5	5	5	5
妊娠期	114	114	114	114
哺乳期	25	21	24	25
繁殖周期	144	140	143	144
分批数（批）	16	14	13	12

但是，简约式母猪批次化生产情况下，由于没有实施定时输精繁殖调控，猪群生理同步化较差，个体断配期变异度较大，导致个别母猪哺乳期较短，但母猪分批数未受影响，具体参数见表 4-4。

表 4-4　非整周批次化生产模式下简约式母猪批次化生产繁殖周期及分批参数（d）

项目	批次化生产模式			
	9d批	10d批	11d批	12d批
断配期	5～10	5～10	5～10	5～10
妊娠期	114	114	114	114
哺乳期	19～25	15～21	18～24	19～25
繁殖周期	144	140	143	144
分批数（批）	16	14	13	12

从表4-3和表4-4可以看出，9d、10d、11d和12d批等非整周批次化生产模式也能实现母猪批次化生产。在精准式批次生产条件下，母猪都能达到预期的哺乳期，既有利于仔猪保育，又满足了母猪后续繁殖的生理需要。在简约式批次生产条件下，部分母猪哺乳期较短，特别是10d批模式下，个别母猪哺乳期低至15d，但是各批次中绝大多数母猪哺乳期均能保证18d以上，基本能满足批次化生产需要。

借鉴上述非整周批次化生产模式的经验，深入分析以周为单位的批次化生产模式繁殖参数发现，3周批、5周批模式的批次化生产占用产房时间较长，造成一定浪费，可考虑实施18d、36d批次化生产模式，既可提高产房利用率，又可使哺乳期接近21～28d的中值，其具体的繁殖周期及分批参数分别见表4-5和表4-6。

表 4-5　18d、36d批次化生产模式下精准式母猪批次化繁殖生产周期及分批参数（d）

项目	批次化生产模式	
	18d批	36d批
断配期	5	5
妊娠期	114	114
哺乳期	25	25
总周期	144	144
分批数（批）	8	4

表 4-6　18d、36d批次化生产模式下简约式母猪繁殖生产周期及分批参数（d）

项目	批次化生产模式	
	18d批	36d批
断配期	5～10	5～10
妊娠期	114	114

项目	批次化生产模式	
	18d批	36d批
哺乳期	19～25	19～25
总周期	144	144
分批数（批）	8	4

比较表4-5、表4-6与表4-1、表4-2可以看出，18d、36d批次化生产模式下，除简约式批次化生产中个别母猪哺乳期缩短至20d外，其他母猪哺乳期都比较适中，尤其是精准式批次化生产中母猪哺乳期都能达到25d。18d批与3周批相比，同样是2个产房单元，由于每批次产房占用时间缩短了3d，一个繁殖周期能进行8批次生产，3周批仅为7批次生产，年产胎数明显提高。而36d批与5周批相比，同样是1个产房单元，每批次产房占用时间增加了1d，一个繁殖生产周期能进行4批次生产，哺乳期明显延长，但年产胎数略有降低。

（二）不同母猪批次化生产模式下产房周转周期与单元（幢）数

产房单元（幢）（简称"单元"）化为批分娩母猪全进全出奠定了坚实的硬件基础，也为产房周转制度制定和洗消等管理提供了时空条件。产房单元数是批次化生产分批实施和周转制度运行的瓶颈参数，单元数过少不能保证产房正常周转和洗消管理顺利进行，过多则导致不必要的资源浪费，只有合理确定产房单元数，才能确保产房正常而高效周转。影响产房单元数确定的重要因素有产房周转周期和批次间隔，其中，产房周转周期包括母猪提早进产房待产期、哺乳期和断奶后产房洗消时间。实际生产中，母猪提前进产房待产期与断奶后产房洗消时间之和不少于7d。产房单元数的计算公式为：产房单元数＝产房周转周期／批次间隔，但1周批又比较特殊，可增加1个产房单元，将提前进产房待产期和断奶后产房洗消时间由7d延长到14d，分别称1周批A1与1周批A2和1周批B1与1周批B2，以周为单位的批次化生产模式下产房各参数见表4-7。

表4-7　以周为单位的批次化生产模式下产房周转周期和单元数（d）

项目	批次化生产模式							
	1周批A1	1周批A2	1周批B1	1周批B2	2周批	3周批	4周批	5周批
单元数（个）	4	5	5	6	2	2	1	1
最少待产期	3	7	3	7	3	3	3	3
最大哺乳期	21	21	28	28	21	28	21	21
洗消时间	4	7	4	7	4	11	4	11
产房周转周期	28	35	35	42	28	42	28	35

从表 4-7 可见，当实行 1 周批批次化生产模式时，提前进产房待产期加洗消时间时长不同，产房单元数也不同。各猪场可根据本场采用的洗消操作方法及其效果，结合产房单元数及哺乳期时长，科学设定洗消时间，过长会造成不必要的浪费，过短则达不到灭菌效果。提前进产房待产期加洗消时间较长的，待产时间可以适当提前，母猪越早进产房，其分娩应激也越少。当实行 1 周批 A2 和 1 周批 B2 时，若洗消时间超过 7d，会增加定位栏数量，若采用单元化配怀舍，配怀舍周转时间紧张，故提前进产房时间为 9d，则洗消时间缩短至 5d，采用非单元式配怀舍，提前进产房时间可以缩短。而简约式母猪批次化生产条件下，同批母猪由于断配期为 5～10d，时间跨度较大，分娩期为 4～6d，母猪需要提前 7d 进产房，这样就没有洗消时间。因此，采用简约式母猪批次化生产时，提前进产房待产期加洗消时间时长最好为 14d。

如果实行非整周批次化生产模式，产房周转周期和单元数参数见表 4-8。

表 4-8　非整周批次化生产模式下产房周转周期和单元数（d）

项目	批次化生产模式					
	9d批	10d批	11d批	12d批	18d批	36d批
单元数（个）	4	3	3	3	2	1
最少待产期	3	3	3	3	3	3
最大哺乳期	25	21	24	25	25	25
洗消时间	8	6	6	8	8	8
产房周转周期	36	30	33	36	36	36

（三）不同母猪批次化生产模式下配怀舍设置及母猪定位栏数

配种妊娠舍也称配怀舍，母猪断奶后需要由产房转群至配怀舍，等待配种和妊娠。后备母猪和繁殖异常母猪需要比断奶母猪提前 21d 转群到配种妊娠舍进行烯丙孕素驯化和饲喂，或后备和繁殖异常母猪分别在后备舍和配怀舍完成烯丙孕素驯化和饲喂后一天，再与断奶母猪合批配种和妊娠。实行批次化生产时需要的配怀舍定位栏数比连续生产要多，尤其是实行较长批次间隔的批次化生产时，所需配怀舍定位栏更多。从管理方法和效果看，配怀舍可分为单元化和非单元化两种形式。

1. 单元化配怀舍的单元数和定位栏参数设置　配怀舍最好采用单元化设置，类似于工业化生产，不同批次的母猪可在相对独立的不同"生产车间"分别生产。减少不同猪群间以及人与猪群间的接触，可以避免病原微生物的传播扩散。在有非洲猪瘟等传染性疾病流行的情况下，配怀舍的单元化设置尤其重要。配怀舍单元数量取决于母猪分批数和产房单元数，可采用如下公式进行计算：配怀舍单元数＝母猪分批数－产房单元数＋1，其中 1 代表母猪断奶下床、产房洗消周转时所需的 1 个单元配怀舍。假设每单元产床数（也就是批产床数）为

N，每单元的定位栏数可采用如下公式计算得出：各单元定位栏数＝批次分娩产床数／批次母猪分娩率。计算时要注意：①批次母猪包括该批次所有后备母猪、断奶母猪和繁殖异常母猪；②计算各单元定位栏数时，需要考虑夏季的低发情率和低受胎率情况，实行精准式母猪批次化生产时批次母猪分娩率参考值定为 80% 较为合理，即每单元的定位栏数相当于产床数的 125%（1.25N），在每批次产床数为 N 时，精准式母猪批次化生产不同周批次化生产模式下配怀舍定位栏设置参数见表 4-9。

表 4-9　精准式母猪批次化生产不同周批次化生产模式下配怀舍单元数及相关参数

项目	批次化生产模式							
	1周批 A1	1周批 A2	1周批 B1	1周批 B2	2周批	3周批	4周批	5周批
母猪分批数（批）	20	20	21	21	10	7	5	4
产房单元数（个）	4	5	5	6	2	2	1	1
配怀舍单元数（个）	17	16	17	16	9	6	5	4
配怀舍定位栏数（个）	21.25N	20.00N	21.25N	20.00N	11.25N	7.50N	6.25N	5.00N

在上述单元化配怀舍设定情况下，配怀母猪管理非常严格，检出未受胎母猪淘汰或再利用时调出，但严禁其他批次妊娠母猪调入。而简约式母猪批次化生产时，批次母猪发情率不可控，推算各单元定位栏数，需要参考夏季批次母猪分娩率（包括夏季断奶母猪发情率和配种分娩率，以及夏季后备和繁殖异常母猪饲喂烯丙孕素后的批次发情率和配种分娩率）。批次待配母猪总分娩率参考值可定为 70%，配怀舍栏位的数量相当于产床数的 140%。每一单元的定位栏数过多，将导致投资大幅增加。简约式母猪批次化生产情况下，如果根据热应激强度和持续时间对夏季母猪也采用定时输精技术，这样单元数和每一单元的定位栏数的设置跟精准式母猪批次化生产一样，也能基本满足生产需要。

单元化的配怀舍也有一定周转周期，依次为待配母猪断配期、妊娠期和洗消时间，此外配怀舍周转周期长的批次化生产模式，后备母猪和繁殖异常母猪可比断奶母猪提前 21d 进配怀舍，分别为饲喂烯丙孕素驯化期 2d，饲喂烯丙孕素期 18d，以及饲喂烯丙孕素结束与断奶性周期同步化差 1d。配怀舍周转周期＝配怀舍单元数 × 批次间隔。断奶母猪下产床后进入配怀舍，断配期为 5d，与后备母猪及繁殖异常母猪合批配种。母猪在妊娠末期离开配怀舍进入产房，产房周转周期减哺乳期为 14d 的，可提前预产期 7d（妊娠107d）进入产房；产房周转周期减哺乳期为 7d 的，则提前预产期 3d（妊娠111d）进产房。母猪上产床至下一批次母猪入住之间的时间为洗消时间。精准式母猪批次化生产条件下，妊娠舍周转与洗消时间因批次化生产模式而有所不同，各参数见表 4-10。

表 4-10　不同周批次化生产模式下妊娠舍周转与洗消时间（d）

项目	批次化生产模式							
	1周批A1	1周批A2	1周批B1	1周批B2	2周批	3周批	4周批	5周批
单元数（个）	17	16	17	16	9	6	5	4
周转周期	119	112	119	112	126	126	140	140
后备母猪和繁殖异常母猪提前入住期	0	0	0	0	0	0	21	21
配种期	5	5	5	5	5	5	5	5
进产房的妊娠天数	111	105	111	105	111	107	111	107
洗消时间	3	2	3	2	10	14	3	14

从表 4-10 可见，1～3 周批时，配怀舍周转时间紧张，后备母猪和繁殖异常母猪饲喂烯丙孕素结束后一天再转群至配怀舍，烯丙孕素饲喂区需要分别设在后备母猪舍和配怀舍。简约式母猪批次化生产条件下，虽然同批次母猪配种期为 5～10d，有所延长，但是母猪进产房的待产期和配怀舍中的饲养天数与精准式母猪批次化生产一致，配怀舍洗消时间也能得到保障。

2. 非单元化配怀舍相关参数设置　除单元化配怀舍外，传统生产中也常常采用非单元化定位栏（大统栏），不同批待配母猪按照蛇形排列依次配种、妊娠，直到上产床。不同于单元化配怀舍的管理，非单元化管理在妊娠诊断后必须对母猪进行调栏，在未妊母猪调出配怀舍后，受胎母猪调栏补齐，以留出更多定位栏准备下批母猪配种。配怀舍所需定位栏数以妊娠诊断为界限分段计算，方法如下：

（1）妊娠诊断前母猪所需定位栏　妊娠诊断前包括 5d 断配期和 30d 妊娠诊断期，这段时间内，因批次化生产模式不同，配怀舍内共有 1～5 批待配母猪，其中，1 周、2 周、3 周、4 周、5 周批次模式下母猪批数依次为 5 批、3 批、2 批、2 批、1 批，其所需对应的定位栏数计算公式依次为：待配母猪批数（5、3、2、2、1）× 批次待配母猪头数，批次母猪平均受胎率参考值为 85% 时，批次待配母猪头数为 1.18N。

（2）妊娠诊断后母猪所需定位栏　对应早期妊娠检查确定妊娠至上产床分娩前的所有批次母猪，包含诊断为妊娠但未分娩的母猪（流产），其定位栏计算公式为：（母猪总批数－妊娠诊断前批数－产房单元数－1）× 批产床数（分娩目标数 N）÷ 受胎分娩率。产房单元数－1 是指产房在洗消时 1 个单元的母猪需要转至定位栏。

但在实际生产中，除消毒时占用了 1 个产房单元外，其他产房单元都参与了母猪周转，因此这部分产床可以抵消一部分配怀舍定位栏。这样，可减少的定位栏数计算公式为：(产房单元数－1)×批产床数 N。

年批次母猪受胎率为 85%、受胎分娩率为 98%、批分娩目标为 N 胎时，不同周批次化生产模式下猪场所需定位栏数见表 4-11。

表 4-11　不同周批次化生产模式下猪场非单元化设计时所需定位栏数

项目	批次化生产模式							
	1周批A1	1周批A2	1周批B1	1周批B2	2周批	3周批	4周批	5周批
母猪分批数（批）	20	20	21	21	10	7	5	4
产房单元数（个）	4	5	5	6	2	2	1	1
妊娠诊断前定位栏数（个）	5.90N	5.90N	5.90N	5.90N	3.54N	2.36N	2.36N	1.18N
妊娠诊断后定位栏数（个）	15.30N	15.30N	16.32N	16.32N	7.15N	5.10N	3.06N	3.06N
可减少的定位栏数（个）	3.00N	4.00N	4.00N	5.00N	1.00N	1.00N	0	0
定位栏总数（个）	18.20N	17.20N	18.22N	17.22N	9.69N	6.46N	5.42N	4.24N

3. 单元化与非单元化配怀舍相关参数比较　见表 4-12。

表 4-12　单元化和非单元化配怀舍母猪定位栏数比较

项目	批次化生产模式							
	1周批A1	1周批A2	1周批B1	1周批B2	2周批	3周批	4周批	5周批
单元化定位栏数（个）	21.25N	20.00N	21.25N	20.00N	11.25N	7.50N	6.25N	5.00N
非单元化定位栏数（个）	18.20N	17.20N	18.22N	17.22N	9.69N	6.46N	5.42N	4.24N
定位栏数差（个）	3.05N	2.80N	3.03N	2.78N	1.56N	1.04N	0.83N	0.76N

如表 4-12 所示，单元化配怀舍母猪定位栏数比非单元化增加约 17%，增加了投资成本，但是这种生产模式可隔离批次母猪，大幅减少母猪调栏工作量，也有利于配怀舍的彻底洗消，提升内部生物安全水平，是一次性投资而长期受益。

第三节
母猪批次化生产管理的实施步骤

母猪批次化生产管理的实施过程需要考虑批次化生产的流程设计，并使流程设计达到标准化和简单化，提高执行力；需要合理组织断奶母猪、后备母猪和繁殖异常母猪参与繁殖达到批分娩目标，同时又不增加疫情风险；母猪批次化生产导入阶段，既要科学制订后备母猪和繁殖异常母猪补充计划，也要解决不同断奶日龄经产母猪的性周期同步化问题，以便在一个繁殖周期内完成批次化生产的过渡；不同类型的批次化生产，精液准备、返情检查、妊娠诊断及诱导分娩工作安排各有不同特点，只有合理安排，才能节约成本，提高繁殖效率。

一、不同批次化生产类型的整体设计与实施

批次化生产中，每个批次的母猪都由断奶母猪、后备母猪和繁殖异常母猪组成，不同批次化生产类型需要实现 3 种不同繁殖状态母猪的同步配种和分娩。

（一）精准式母猪批次化生产的整体设计与实施

1. 精准式母猪批次化生产管理流程　在精准式母猪批次化生产中，采用的母猪繁殖调控技术较为全面。在对后备、繁殖异常母猪采用烯丙孕素进行性周期同步化调控后，与统一断奶的经产母猪合批组成批次待配母猪，再对这些母猪进行定时输精处理，通过 PMSG 和 GnRH 诱导卵泡发育同步和排卵同步，并进行定时配种。在妊娠结束后可采用诱导分娩技术达到母猪分娩同步化。精准式母猪批次化生产管理流程见表 4-13。

2. 精准式母猪批次化生产周工作安排　精准式母猪批次化生产中，配怀舍、分娩舍每周相关繁殖工作安排分别见表 4-14 和表 4-15。

表 4-13　精准式母猪批次化生产管理流程

	时间		断奶母猪	后备母猪及 繁殖异常母猪
第 1 周	周五	上午		驯化
		下午		驯化
	周六	上午		驯化
		下午		驯化

时间			断奶母猪	后备母猪及 繁殖异常母猪
第1周	周日	上午		驯化
		下午		开始饲喂烯丙孕素
...				...
第4周	周三	上午		
		下午		结束饲喂烯丙孕素
	周四	上午		
		下午	断奶	
	周五	上午		注射 PMSG
		下午	注射 PMSG	
	周六	上午		
		下午		
	周日	上午		
		下午		
第5周	周一	上午		
		下午	注射 GnRH 、查情、配种	
	周二	上午		
		下午	配种	
	周三	上午	配种	
		下午		
	周四	上午	查情、配种	
		下午		
...			...	
第20周	周四	上午	注射氯前列醇钠	
		下午		
	周五	上午	注射卡贝缩宫素	
		下午		

表 4-14　精准式母猪批次化生产配怀舍周工作安排

时间	周一	周二	周三	周四	周五	周六	周日
				前一周 妊娠母猪上 产床			

时间	周一	周二	周三	周四	周五	周六	周日
上午	或妊娠母猪上产床		配种	查情配种	免疫		
下午	注射 GnRH 查情配种	配种	孕检	断奶母猪接收	注射 PMSG		

注：母猪上产床时间因不同批次化生产模式下上产床的妊娠天数不同而异，妊娠 107d 和 111d 母猪的上产床时间分别为周四和下周的周一。配怀舍无调栏工作。

表 4-15　精准式母猪批次化生产分娩舍周工作安排

时间	周一	周二	周三	周四	周五	周六	周日
上午	或妊娠母猪上产床	去势	免疫	前一周妊娠母猪上产床 注射氯前列醇钠 接产	注射卡贝缩宫素 接产		
下午				接产 治疗 母猪断奶	接产 治疗		
夜间			接产值班	接产值班			

注：母猪上产床时间因不同批次化生产模式下上产床的妊娠天数不同而异，妊娠 107d 和 111d 母猪的上产床时间分别为周四和下周的周一；周三开始会有个别母猪分娩，分娩主要集中在周四和周五，其中周三、周四应做好值班工作。

　　如表 4-14 和表 4-15 所示，繁殖相关工作增加了注射 PMSG 和注射 GnRH 两个环节，但是与简约式母猪批次化生产相比，查情、配种、妊检、采精、接产等繁殖工作的持续时间减半，相关工作的高度集中，使工作效率更高、效果更好。同时产房夜间值班的接产工作大幅减少，周六、周日既不配种也不分娩，还可以安排周六、周日休假，提高了繁殖技术人员的工作福利，使养猪业真正走上了工业化发展道路。

（二）简约式母猪批次化生产的整体设计与实施

　　1. 简约式母猪批次化生产管理流程　简约式母猪批次化生产采用性周期同步化和分娩同步化技术。其中，后备母猪和繁殖异常母猪通过饲喂烯丙孕素实现性周期同步化，断奶母猪通过统一断奶实现性周期同步化。简约式母猪批次化生产管理流程见表 4-16。

表 4-16　简约式母猪批次化生产管理流程

时间			断奶母猪	后备母猪及繁殖异常母猪
第1周	周五	上午		驯化
		下午		驯化
	周六	上午		驯化
		下午		驯化
	周日	上午		驯化
		下午		开始饲喂烯丙孕素
…				…
第4周	周三	上午		
		下午		结束饲喂烯丙孕素
	周四	上午		
		下午	断奶	
…				…
第5周	周一	上午		查情、配种
		下午		查情、配种
	周二	上午		查情、配种
		下午		查情、配种
	周三	上午		查情、配种
		下午		查情、配种
	周四	上午		查情、配种
		下午		查情、配种
	周五	上午		查情、配种
		下午		查情、配种
	周六	上午		查情、配种
		下午		查情、配种
	周日	上午		查情、配种
		下午		查情、配种
…				…
	周六	上午		注射氯前列醇钠
		下午		
	周日	上午		注射卡贝缩宫素
		下午		

简约式母猪批次化生产的配种期时间范围通常为 4～7d。选择母猪哺乳期 21d、繁殖周期 140d 的批次生产模式时，产房周转周期较短，更应该缩短配种期时间，最好为 4d，即断配期 5～7d，以避免哺乳期差异过大，也能给产房留出一定的洗消时间；选择母猪哺乳期 28d、繁殖周期 147d 的批次生产模式时，产房周转周期较长，配种期时间可适当延长。

简约式母猪批次化生产中，同一批次的母猪需要根据配种时间差异，分 2～3 批进行诱导分娩，尽可能减少因过早诱导分娩导致的初生重损失，使用 $PGF_{2\alpha}$ 及其类似物的时间不能早于妊娠 113d。同时，还需要兼顾哺乳期长度，最短不能少于 18d。

2. 简约式母猪批次化生产管理周工作安排　简约式母猪批次化生产中，配怀舍、分娩舍每周相关繁殖工作安排分别见表 4-17 和表 4-18。

表 4-17　简约式母猪批次化生产配怀舍周工作安排

时间	周一	周二	周三	周四	周五	周六	周日
				前一周 妊娠母猪上 产床			
上午	查情 调栏 采精 配种 或妊娠母猪 上产床	查情 调栏 配种 免疫	查情 调栏 配种 孕检	查情 调栏 配种 断奶母猪接收	查情 调栏 配种	查情 调栏 配种	查情 调栏 配种
下午	查情 调栏 配种	查情 调栏 配种	查情 调栏 配种	查情 调栏 配种	查情 调栏 配种	查情 调栏 配种	查情 调栏 配种

注：配怀舍每天有 3/5 工作时间用于查情、调栏。

表 4-18　简约式母猪批次化生产分娩舍周工作安排

时间	周一	周二	周三	周四	周五	周六	周日
				前一周 妊娠母猪 上产床			
上午	妊娠母猪 上产床	去势	接产 免疫	接产 母猪断奶	接产 去势	接产 免疫	接产
下午	治疗	治疗	接产 治疗	接产 治疗	接产 治疗	接产 治疗	接产 治疗
夜间			值班 接产	值班 接产	值班 接产	值班 接产	

二、母猪批次化生产分娩目标的实现

正常生产情况下，批次化生产的待配母猪主要由断奶母猪组成，受使用寿命和最佳利用时间的限制，也需要不断有后备母猪补充到生产中。而当后备母猪不足时，或年更新率过高时，也会利用一部分繁殖异常母猪。断奶母猪、后备母猪和繁殖异常母猪的繁殖状态不同，需要科学合理地组织，以达到批次分娩目标。

（一）母猪年更新率的评估和确认

母猪年更新率主要与品种、饲养管理、疫病防控等因素有关。发达国家规模猪场因为疫病净化较为彻底，防疫压力小，饲养管理水平较高，母猪的批次分娩率较高，同时后备猪猪源充足，年更新率可高达55%。我国一直以疫苗防疫为主，导致猪繁殖与呼吸综合征、猪伪狂犬病、猪圆环病毒病、猪瘟等疫病时有发生，降低了批次分娩率。批次化生产时提高母猪年更新率，可能会增加母猪、哺乳仔猪和保育猪死亡的风险，应进行科学评估，确定合理的更新率。而母猪流产率以及母猪、哺乳仔猪和保育猪的死亡率可为风险评估提供更直观、简单和可操作的方法，猪场风险评估的参考方法及相关参数见表4-19。

表4-19　猪场风险参考评估因素及其相关参数（%）

评估项目	评估参数			
	很稳定	基本稳定	不稳定	风险很高
受胎分娩率	97～98	96～97	94～95	<94
哺乳仔猪死亡率	<3	3～6	6～10	>10
保育猪死亡率	<3	3～6	6～10	>10
每月母猪死亡率	<0.2	0.2～0.5	0.5～1.0	>1.0

欧美发达国家哺乳仔猪死亡率偏高，通常是因为产房的劳动力投入较少，哺乳母猪和仔猪缺乏照顾。而我国则产房劳动力投入较大，哺乳仔猪死亡一般较少，因此，各猪场需要结合本场实际情况调整评估参数。

当生产很稳定时，母猪年更新率可大于45%，同时对胎龄结构进行优化调整；生产基本稳定时，母猪年更新率要控制在35%～45%，可适度调整胎龄结构；生产不稳定时，母猪年更新率要进一步降低，控制在30%～35%，放弃调整胎龄结构，控制主动淘汰，利用繁殖异常母猪；生产风险很高时，母猪年更新率应≤30%，严格控制主动淘汰，充分利用繁殖异常母猪。

（二）后备母猪的批分娩目标

根据猪场风险评估结果，先确定母猪年更新率，进一步确定批次后备母猪的分娩数和补充数。批次后备母猪分娩数＝母猪更新率÷母猪年产胎次×批分娩母猪数。假设母猪年产胎次为 2.5 胎，批分娩母猪数为 100 头，其更新率不同时，批次后备母猪分娩头数结果见表 4-20。

表 4-20　批次后备母猪分娩数随母猪年更新率变化的规律

母猪年更新率（%）	55	45	35	25
批后备母猪分娩数（头）	22	18	14	10

（三）断奶母猪的批分娩目标

批次断奶母猪分娩数＝批分娩目标×（100%－断奶母猪主动淘汰率）×批经产母猪分娩率。假设断奶母猪主动淘汰率为 5%，批分娩数为 100 头时，不同饲养管理水平和批次化生产模式下，断奶母猪分娩数和产生的繁殖异常母猪数的预测结果见表 4-21。

表 4-21　不同饲养管理水平和批次化生产模式下断奶母猪分娩数
和产生的繁殖异常母猪数预测

管理水平	批次化生产模式	待配经产母猪数（头）	分娩数（头）	批次母猪分娩率（%）	产生的繁殖异常母猪数（头）
断奶 7d 内发情率 90%	简约	95	79	83.2	16
	精准	95	84	88.4	11
断奶 7d 内发情率 85%	简约	95	75	78.9	20
	精准	95	82	86.3	13
断奶 7d 内发情率 80%	简约	95	70	73.7	25
	精准	95	80	84.2	15

以断奶后 7d 的发情率衡量猪场饲养管理水平，我国只有少数规模猪场可达到优秀管理水平（发情率为 90%），半数规模猪场达到良好管理水平（发情率为 85%），还有约半数规模猪场仅达一般管理水平（发情率为 80%）或更低。由表 4-21 可以看出，简约式批次化生产模式下，母猪分娩率随断奶母猪 7d 发情率下降而下降，成正比关系；而精准式批次化生产模式下，母猪分娩率随断奶母猪 7d 发情率下降而下降，但不成正比关系，下降不明显，主要因为精准式批次化生产模式采用定时输精技术，可提高发情率，且断奶母猪 7d 发情率越低，分娩率提高幅度越大。

(四) 繁殖异常母猪的批分娩目标

在后备猪猪源不足，或更新率过高的情况下，还需要繁殖异常母猪参加配种，以实现批分娩目标，最大限度地发挥猪场生产潜能。批次繁殖异常母猪分娩数＝批次分娩目标数－后备母猪分娩数－批经产母猪分娩数，则批次待配的繁殖异常母猪数＝批次繁殖异常母猪分娩数÷批次繁殖异常母猪分娩率。

仅单独饲喂烯丙孕素时，批次繁殖异常母猪分娩率通常约为50%，而经定时输精技术处理后，该指标可达65%左右。生产基本稳定时，母猪年更新率为40%，不同饲养管理水平和批次化生产模式下，猪场繁殖异常母猪利用计划见表4-22。

表4-22 不同饲养管理水平和批次化生产模式下猪场繁殖异常母猪利用计划对比（头）

管理水平	批次化生产模式	分娩目标	后备母猪分娩数	经产母猪分娩数	繁殖异常母猪分娩数	待配繁殖异常母猪数
断奶 7d 内发情率 90%	简约	100	16	79	5	10
	精准	100	16	84	0	0
断奶 7d 内发情率 85%	简约	100	16	75	9	18
	精准	100	16	82	2	3
断奶 7d 内发情率 80%	简约	100	16	70	14	28
	精准	100	16	80	4	7

表4-21中测算的繁殖异常母猪数，大大高于表4-22中需要利用的繁殖异常母猪数。从表4-22可见，当猪场生产基本稳定、采用精准式批次化生产模式母猪年更新率约40%时，可较少或不利用繁殖异常母猪。而在简约式母猪批次化生产模式下，则需要大量利用繁殖异常母猪，导致母猪年产胎次下降。

三、母猪批次化生产的导入

不同于正常批次化生产，从连续生产向批次化生产过渡阶段，即母猪批次化生产导入阶段，需要根据已有母猪的受胎情况，有计划地导入断奶母猪、利用繁殖异常母猪和补充后备母猪，顺利实现批次化生产的过渡。

(一) 批次化生产母猪组织计划

从连续生产向批次化生产过渡时，需要提前计划母猪群划分批次的时间节点和批次间隔，从而根据每个时间段内母猪的数量以及受胎率、受胎分娩率等指标，确定其进入批次化生产后批次待配断奶母猪数量，进一步计划繁殖异常母猪和后备母猪补充数量，保证过渡期间批次分娩目标的实现。每批次待配的断奶母猪数可计算如下：批次待配断奶母猪数 = 批次间隔时段内妊娠母猪数 × 受胎分娩率 − 分娩后主动淘汰数。妊娠母猪数与下一周期批次待配断奶母猪数计划参数见表 4-23。

表 4-23　妊娠母猪数与下一周期批次待配断奶母猪数计划参数（头）

批次	批次间隔时段妊娠母猪数	预计分娩数	断奶后主动淘汰数	下一周期批次待配断奶母猪数
1				
2				
3				
…				

为确保猪源充足和生产稳定，导入过程中建议充分利用繁殖异常母猪。制订批次繁殖异常母猪利用计划时，批次待配母猪总受胎率通常按 80% 计算，将 20% 未孕母猪再淘汰 1/4，剩下的未孕母猪作为待配繁殖异常母猪，占全部批次待配母猪的 15%。繁殖异常母猪再次利用的时间间隔包含断配期（5～11d）、妊娠诊断（30d）、与断奶母猪合并批次前的性周期同步化（驯化 + 处理 =21d），共需要 56～62d。即在批次化生产时，繁殖异常母猪需要在间隔 56d 后的批次才能够再次被利用。精准式母猪批次化生产模式下，批次产生的繁殖异常母猪重新利用时对应的批次见表 4-24；而简约式母猪批次化生产模式下，断配期较长，更应尽早制订繁殖异常母猪利用计划。

表 4-24　精准式母猪批次化生产模式下繁殖异常母猪利用的对应批次

批次	1周批	2周批	3周批	4周批	5周批
利用繁殖异常母猪的对应批次	1 → 9	1 → 5	1 → 4	1 → 3	1 → 3

确定每个批次待配的断奶母猪和繁殖异常母猪数后，可根据批次分娩目标和不同类型母猪的批受胎率，计算批次后备母猪的补充数量：批次待配后备母猪数 =（批分娩目标 − 批次待配断奶母猪数 × 批次断奶母猪分娩率 − 批次繁殖异常母猪数 × 批次繁殖异常母猪分娩率）/ 批次后备母猪分娩率。

此外，批次化生产转型过程中，前几个批次待配母猪的补充主要依靠后备母猪和猪场现存繁殖异常母猪，需要在制订母猪利用计划时充分考虑。

（二）后备母猪的导入

后备母猪的导入除要考虑补充数量外，还需要考虑引种周期。最大引种日龄应减去最少后备母猪隔离和驯化期（42d，6 周）以及烯丙孕素驯化、饲喂到配种期（26d）。若配种日龄为 240d，则最大引种日龄为 240 － 42 － 26 ＝ 172 日龄。后备母猪导入时，需要根据批次受胎情况才能做下一轮配种计划，而配种到妊娠诊断结束共需 30d，故最小引种日龄＝配种日龄（240d）－（繁殖周期－配种到妊娠诊断时间），即 123～130d 日龄，引种日龄时间段为 123～172d，导入过程约需一个繁殖周期，分 3～4 次引种较为合理。

1. 后备母猪管理

（1）隔离和驯化期设置 后备母猪引种后，须隔离观察 1～2 周，然后根据批次生产要求，依次进行疫病驯化 5～15 周，其间做好各种疫病免疫。较早引种，即可设计更长的隔离和驯化期，疫病防控效果更好。

（2）诱情管理 研究表明，采用公猪诱情的后备母猪发情率和总产仔数会显著提高，诱情开始于母猪 140～168 日龄，每天上下午各一次，每栏每次 10～15min，与公猪栏内接触效果最好。

（3）光照管理 在后备母猪 140～168 日龄开始采用光照处理，每天光照时间 16h。后备母猪正常站立情况下，距眼睛上方 10cm 测得的照度应为 200～300lx，发情率和总产仔数会极显著高于自然光照组。

（4）控制生长速度和均匀度 后备母猪培育过程中，从 160 日龄起要控制其生长速度，保证生长的均匀度。通过增加粗纤维饲喂量并自由采食，既能有效控制后备母猪生长速度和均匀度，又能促进其消化系统发育，保证妊娠和哺乳的营养需要。后备母猪生长速度控制目标见表 4-25。

表 4-25 后备母猪生长速度控制目标

日龄	体重（kg）	出现发情症状比例（%）
182	101	50
203	113	85
224	120	95
240	135	98

（5）短期优饲 短期优饲（催情补饲）能促进后备母猪繁殖性能发挥，提高发情率、受胎率、分娩率、总产仔数、产活仔数和产健仔数。优饲期间添加葡萄糖，可提高血清中胰岛样生长因子水平，从而促进卵泡发育。可在后备母猪配种前 7d 进行优饲，每天自由采食含 200～300g 葡萄糖或食糖的哺乳料。

2. 后备母猪性周期同步化 入群后备母猪质量不但关系到后备母猪利用率，也关系到 2

胎母猪利用率和母猪终生繁殖成绩。欧美高水平猪场只有发情后备母猪才能进行烯丙孕素饲喂，约95%的母猪可达标入群。而国内在215～225日龄能观察到发情的母猪不足50%。所以，要确保母猪批次化生产顺利实施，应从关注后备母猪培养开始。

后备母猪性周期同步化的具体方法参见本书第三章第一节。

（三）经产母猪的导入

连续生产条件下，母猪的分娩时间呈连续式随机分布，导入批次化生产时需要烯丙孕素性周期同步化和同步断奶两种方式结合使用，其中烯丙孕素性周期同步化有两种方法，一种是烯丙孕素连续饲喂18d，另一种是断奶前一天（卵泡发育未启动）开始饲喂，饲喂时间可长可短。同步断奶法需要注意母猪最短哺乳期不能少于18d，最长不超过28d。

采用1周批模式时，哺乳期在21～28d的母猪实行同步断奶。

采用2周批模式时，哺乳母猪分两批同步断奶。第1周的母猪同步断奶并结合烯丙孕素饲喂处理，从断奶前一天开始饲喂至第2周母猪断奶前一天结束，共7d。第2周母猪实行同步断奶，哺乳期控制在21～28d。

采用3周批模式时，哺乳母猪也分两批断奶。将前11d哺乳期在18～28d的母猪同步断奶，在断奶前一天开始饲喂烯丙孕素至后一批断奶前一天结束，共11d。第二批对预计后10d断奶的母猪同步断奶，哺乳期19～28d。3周批经产母猪具体导入方法见图4-1。

采用4周批模式时，在3周批导入方法基础上，再增加一次同期断奶，即分3批断奶。前10d分娩的母猪同步断奶，哺乳期18～28d，从断奶前一天开始饲喂烯丙孕素至第三批猪断奶前一天结束，共18d。11～19d分娩的母猪同步断奶，哺乳期18～28d，从断奶前一天开始饲喂烯丙孕素至第三批断奶前一天结束，共11d。20～28d分娩的母猪仅需要进行同步断奶，哺乳期19～28d。4周批经产母猪的导入方法见图4-2。

采用5周批模式时，哺乳母猪也分三批断奶。前17d分娩的母猪可选择在哺乳期21～28d的任何一天断奶，饲喂烯丙孕素18d至第三批母猪断奶前一天。18～26d分娩的母猪同步断奶，哺乳期18～28d，从断奶前一天开始饲喂烯丙孕素至第三批猪断奶前一天结束，共11d。27～35d分娩的母猪仅需要进行同步断奶，哺乳期19～28d。5周批经产母猪的导入方法见图4-3。

图4-1　3周批经产母猪的导入方法

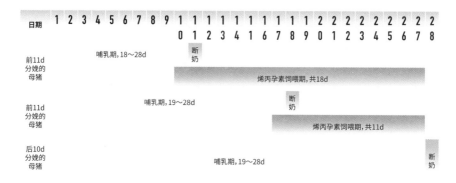

图 4-2 4周批经产母猪的导入方法

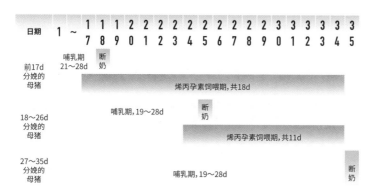

图 4-3 5周批经产母猪的导入方法

四、精液准备

充足合格的精液供应是实现人工授精的前提。连续生产时，扩繁场公母猪配比在 1：80 左右，商品场在 1：150 左右，每周每头公猪约可采精 25 份，精液供应量与配种头数相关，一般为配种头数的 2.5 倍。批次化生产与一般连续生产的精液总用量基本一致，但打破了传统连续生产的均衡供应局面，形成了集中供应的新需求形势。因批次化生产有较强的计划性，精液供需可预期，对配送精液的猪场更有利。实施 2～5 周批次的生产场，需要根据批次配种时间和母猪数量确保大批量精液的集中供应。实施 1 周或 9d 等小批次生产场的精液供应基本无影响。

（一）外购精液

精准式母猪批次化生产管理下，每批次配种所需精液可一次订货，大幅减少外购精液的运输次数及运输伴随的生物安全风险。简约式母猪批次化生产中，由于配种期长，可采用有效期 7d 的精液稀释粉，也可分两次订购精液。精液采购量要达到批次配种数量的 2.5 倍。

（二）场内供精

1. 多条生产线共用公猪站供精 采用2～5周批次的生产场，存在多条生产线共用公猪站的情况。不同生产线间应错开配种时间，最好相差7～10d。公猪站也应在各生产线间合理安排精液供应，某一时段精液集中供应，满足一条生产线使用，以提高公猪利用效率。

2. 一条生产线公猪站供精 1周批或9d批次精液供应与连续生产时差异不大。采用2～5周批次的生产场，对于每批次母猪配种，每头公猪最多可采精2次，间隔5～7d。选择长效精液稀释粉（7d）稀释精液，在配前5d采精，为集中配种储备精液，供配种期前段使用，配种期间再采精一次，供配种期后段使用。以1 000头能繁母猪规模、批次配种分娩率80%为例，其各周批次化生产模式所需公猪数见表4-26。

表4-26 不同周批所需公猪数（1 000头能繁母猪规模）

项目	批次化生产模式			
	2周批	3周批	4周批	5周批
批分娩目标（头）	100	140	200	250
批配种数（头）	125	175	250	310
批精液量（份）	312	438	625	775
公猪数（头）	6	9	13	16
公母猪比例	1：160	1：110	1：80	1：60

从表4-26可以看出，对育肥场来说，2周批、3周批、4周批、5周批，公猪分别要增加0头、3头、7头、10头，而对繁育场来说，只有5周批公母猪比例为1：60，与正常的1：80比较，对1 000头能繁母猪规模来说，仅增加4头公猪。

五、返情检查、妊娠诊断和诱导分娩

（一）返情检查

返情检查于配种后18～23d进行。实行1周批和3周批母猪批次化生产时，返情母猪可直接并入正在配种的批次进行配种，返情母猪的有效利用能够减少非生产天数。而实行2周批、4周批和5周批时，返情母猪很难利用，可不进行返情检查，以减少工作量。

（二）妊娠诊断

B超检查用于母猪妊娠诊断已相当成熟，通常配种后23d左右，对未返情母猪进行妊娠检查，未能确诊的则在配种后 30d 左右再次检查。简约式母猪批次化生产时，由于配种期较长，宜按照配种早晚分两批进行妊娠诊断，以免误诊。妊娠诊断后，未妊娠的母猪淘汰或作为繁殖异常母猪再利用。

（三）诱导分娩

精准式母猪批次化生产中，由于配种集中在 2～3d 内，注射氯前列醇钠的当天应有 40%～50% 的母猪能自然分娩，这样经诱导分娩后有 50%～60% 的母猪在第二天完成分娩。简约式母猪批次化生产中，由于配种周期长，注射氯前列醇钠的当天应有 80% 左右的母猪能自然分娩，这样经诱导分娩后有 20% 左右的母猪在第二天完成分娩。但是，根据仔猪在妊娠后期的发育规律，分娩前的日增重为 70～100g，因此提前诱导分娩将损失仔猪的初生重，使用氯前列醇钠的时间最好不要早于妊娠 113d。

第四节
母猪批次化生产的主要影响因素

我国各地气候条件差异大，疫病情况复杂，南方湿热地区饲料霉菌毒素污染严重。同时，不同企业设备设施不一，母猪管理条件差别很大，批次母猪分娩率较低，尤其在夏季更低。实行母猪批次化生产，应充分考虑这些因素可能造成的不利影响。

一、夏季热应激因素

我国的地理环境与欧美养猪发达国家有很大不同，大部分面积位于亚热带、温带内陆地区，湿热的夏季气候特点使母猪遭受的热应激强度大、持续时间长，而欧美国家夏季气候远比我国凉爽干燥（表 4-27）。

表 4-27　西欧 5 个主要养猪国家、美国 5 个主要养猪州和我国前 10 生猪出栏大省省会城市纬度与 7 月平均温度比较

地区		养猪排名	北纬度（°）	7 月平均温度（℃）
西欧	德国	1	40～56	14～19
	西班牙	2	36～43	17～29

地区		养猪排名	北纬度（°）	7月平均温度（℃）
	法国	3	43～51	17～26
	丹麦	4	54～57	8～14
	荷兰	5	51～54	12～21
美国	艾奥瓦	1	40～43	19～29
	北卡罗来纳	2	34～37	22～33
	明尼苏达	3	43～49	12～26
	伊利诺伊	4	37～43	17～29
	内布拉斯加	5	40～43	21～31
中国	成都	1	30.7	22～30
	郑州	2	34.8	22～30
	长沙	3	28.2	27～36
	济南	4	36.7	22～30
	武汉	5	30.6	26～34
	广州	6	23.1	27～36
	昆明	7	25.1	18～25
	石家庄	8	38.1	22～30
	南宁	9	22.8	26～34
	南昌	10	28.7	27～33

资料来源：米胖天气，weather.mipang.com 数据库。

从表 4-27 可见，西欧 5 个主要养猪国家纬度在 36°～57°，7月平均温度为 8～29℃，尤其是全球养猪生产力最高的丹麦、荷兰和德国，均分布在北纬 40°～57°，7月平均温度为 8～21℃，几乎没有热应激，很适合养猪。美国 5 个主要养猪州也位于北纬 34°～49°，7月平均温度为 12～33℃，相对西欧条件差一点，但昼夜温差较大，环境调控设施较好。我国生猪出栏前 10 的大省省会城市位于北纬 22.8°～36.7°，除昆明外，7月平均温度都在 22～36℃，且昼夜温差小，湿度较大，环境调控设施差，母猪均受到较强和持久的夏季热应激。

研究表明，夏季湿热环境会增加母猪血液中促肾上腺皮质激素和皮质醇含量，降低甲状腺素水平，增强血液胰岛素敏感性，破坏母猪机体内分泌和能量平衡，阻碍断奶母猪卵泡发育，并使发情延迟。同时，热应激还降低了哺乳母猪采食量，造成体重损失和营养物质摄入的受限，不但会影响母猪自身健康，还严重影响卵泡发育及排卵，并降低排卵数，抑制母猪发情表现，影响母猪繁殖性能的充分发挥。

我国的地理特点导致的母猪夏季热应激，使夏季母猪发情率和受胎率都很低，严重影响母猪批次化生产的组织和生产效果的实现。只有因地制宜，加强环境调控，充分利用母猪批次化生产的可控行和计划性，根据批次分娩目标和繁殖指标的季节性变化，更多采用繁殖调控技术，同时有计划地调整批次待配母猪数量，尽量克服母猪夏季热应激造成的影响，才能成功实现母猪批次化生产目标。

二、饲料霉菌毒素污染因素

除环境问题外，饲料霉菌毒素污染也影响了母猪批次化生产的组织管理。我国是世界农业大国，谷物产量居世界前列，但相当一部分地区处于亚热带，温度和湿度条件有利于霉菌生长，使饲用谷物原料中霉菌毒素检出率极高，贮存仓库设施落后又加大了污染风险。据报道，我国玉米、小麦、麸皮均存在不同程度的霉菌毒素污染问题，对猪饲料原料中霉菌毒素的检出率均为100%，超标率居高不下。其中，玉米作为最主要的饲料原料，在猪饲料中使用比例最大。因此，玉米霉变导致饲料毒素污染，是养猪生产中不可避免的问题。据报道，2020年饲料及饲料原料中霉菌毒素污染严重，而且极大部分为3种霉菌毒素的复合污染（图4-4）。其中，玉米中黄曲霉毒素B1、玉米赤霉烯酮和呕吐毒素的检测结果显示（表4-28），玉米霉菌毒素污染令人担忧。

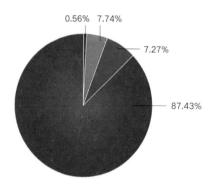

0.56%　7.74%

7.27%

87.43%

■ 无毒素　■ 1 种毒素　■ 2 种毒素　■ 3 种毒素

图 4-4　饲料及饲料原料中霉菌毒素污染状况

表 4-28　2020 年玉米中黄曲霉毒素 B1、玉米赤霉烯酮和呕吐毒素检测结果

指标	黄曲霉毒素B1	玉米赤霉烯酮	呕吐毒素
样本数	405	405	405
检出率（%）	97.04	95.31	99.51
超标率（%）	9.63	7.90	8.64
均值（μg）	13.54	191.00	852.31
最高值（μg）	125.22	3 592.50	8 258.33

霉菌毒素对母猪繁殖能力影响的表现也不一致，对后备母猪的影响更大也更持久。霉菌毒素可使后备母猪初情期推迟或乏情，并导致死胎、流产等繁殖问题。如何控制饲料污染和饲养过程中的再污染，已成为制约母猪繁殖效率的瓶颈，也关系到母猪批次化生产组织实施的成败，是养殖场不可回避的问题。

三、疫病因素

疫病防控形势和防控策略的不同也影响批次化生产的组织与管理。与欧美国家相比，我国疫病防控压力巨大，猪繁殖障碍和传染性疫病复杂，易造成母猪发情率、受胎率和分娩率降低，流产增加。性周期启动期后备母猪高频率的免疫应激，易造成性周期推迟以及母猪利用率降低，严重影响母猪批次化生产效果和后续的组织实施。

四、管理因素

母猪批次化生产是一个以繁殖调控技术为主导，设施设备、饲料营养、疫病防控等工作密切配合的高度组织化的系统工程。而后备母猪和经产母猪是批次化生产的主体，是批次化生产组织实施的管理重点。

（一）后备母猪管理存在的问题

后备母猪是批次化生产的新鲜血液，对批次化生产的影响广泛而持久。然而，我国对后备母猪的管理不够重视，缺乏有效的隔离驯化、免疫管理，以及有效的生长发育控制，致使部分后备母猪先达到体成熟而未达到性成熟。同时，光照、公猪诱情等管理不到位，配种期缺乏有效的优饲方法，使后备母猪性器官发育滞后，性周期启动推迟，利用率低，产仔数少。同时，后备母猪本身质量差也会导致二胎综合征凸显。优良的后备母猪管理是确保母猪批次化生产正常实施、健康可持续运行的基础，必须给予足够的重视。

（二）经产母猪管理存在的问题

经产母猪是批次待配母猪的主体，也是管理的重点。例如，妊娠母猪进入产房时间仓促、适应时间不足，会因上产床应激导致母猪分娩产程延长、难产增加，也增加了人工助产比例。再如，母猪断奶的时间也会影响母猪下产床应激的强度和时间，下午5:00断奶比上午8:00断奶发情率可提高10.79%。这些管理问题都会影响母猪断奶后7d内发情率。断奶母猪利用率降低会增加后备母猪补充压力，甚至增加繁殖异常母猪利用率，直接影响母猪批次化生产的实施。

五、技术方案的影响因素

技术方案主要影响母猪的利用率，而合适的技术方案可提高母猪的利用率，保证母猪批次化生产的顺利实施。

（一）后备母猪的利用

后备母猪入群前至少要观察到 1 次发情，只有这样才能提高后备母猪的利用率，同时也能减少二胎综合征的发病率。观察到 1 次或更多次发情的后备母猪，仅采用同期发情技术，有时利用率不稳定，不利于生产的计划性和批分娩目标的实现，而同时采用同期发情和定时输精技术，利用率更高、更稳定，可节约补充后备母猪的成本，也有利于生产的计划性和批分娩目标的实现。对入群前没有观察到 1 次发情的后备母猪，仅采用同期发情技术，利用率很低，通常不会超过 30%，而同时采用同期发情和定时输精技术，利用率可达 60% 以上。

（二）断奶母猪的利用

断奶母猪的利用率对批次化生产十分关键，利用率高则需要补充的后备母猪少，需要利用的繁殖异常母猪也少。采用观察发情配种技术，断奶母猪 7d 发情率须达到 90% 左右，否则会因断奶母猪利用率低而造成母猪年更新率高，影响生产稳定性，并增加繁殖异常母猪的利用，增加非生产天数（NPD），减少母猪平均年产胎次，影响均衡生产。采用定时输精技术，主要通过大幅提高断奶母猪的发情率来提高其利用率和利用的稳定性，尤其是夏季，效果更明显，可减少或不利用繁殖异常母猪，提高母猪平均年产胎次，实现均衡生产。而两点查情定时输精技术与发情促排定时输精技术相比，前者更适用于 2 胎母猪的配种，提高因哺乳失重导致的隐性发情母猪的利用率，也更适用于因非洲猪瘟而采用无公猪查情的配种，减少因静立发情检出率降低所导致的断奶母猪利用率降低；后者更适用于使用 PMSG 后，母猪静立发情比例在 95% 左右的猪群，精液使用量少，配种受胎率高，既不影响断奶母猪的利用率，有利于质量更好的母猪进入繁殖群，也有利于下一个繁殖周期母猪的利用率，使批次化生产得到顺利推进。

（三）繁殖异常母猪的利用

母猪批次化生产常需要利用部分繁殖异常母猪，尤其是简约式批次化生产，利用繁殖异常母猪不可避免。采用同期发情技术，利用率低而不稳定，通常为 50% 左右，而采用同期发情和定时输精联用技术，利用率更高、更稳定，通常可达 60% 以上，可减少母猪 NPD，也有利于生产的计划性和批分娩目标的实现。

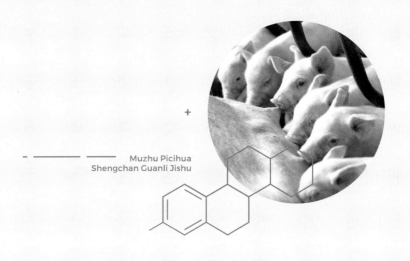

第五章
母猪批次化生产猪场的规划设计

母猪批次化生产是养猪业实现产业升级的必然，是猪场走全进全出的工业化和智能化发展道路的基础。除流程化管理和组织实施外，还需要猪场配套硬件。本章阐述了批次化生产新猪场规划设计和旧猪场改造的新思路，以便猪场顺利实现工业化生产，为疫病防控和净化创造条件。

第一节
母猪批次化生产新猪场的设计

新猪场的设计不仅要站在疫病防控和净化高度，而且要兼顾食品安全和生态安全。本节重点介绍了母猪批次化生产新猪场的规划设计原则，分析了猪场生产目标和能繁母猪组群之间的关系，阐明了产房设计参数，以实现猪场最大产能。分析了母猪转群模式与配怀舍（或妊娠舍）的设计关系，阐明了不同转群模式下的配怀舍（或妊娠舍）设计参数，以减少母猪转群次数，达到产房和配怀舍（或妊娠舍）母猪的全进全出。分析和阐明了后备母猪引种计划与后备母猪舍设计参数间的关系，以实现后备母猪全进及分批次全出；通过配怀舍（或妊娠舍）、产房和后备母猪舍单元化的布局设计，配合设计专用转群通道，避免不同批次母猪间接触，减少人与猪接触，提升生物安全水平。

一、母猪批次化生产新猪场的规划设计原则

传统连续生产模式下，通常同一单元或几个单元混合饲养不同妊娠期母猪，产房虽单元化设计，但同一单元母猪分娩日期差异较大，不同分娩期母猪的混杂常导致病原交叉感染，无法控制病原微生物水平传播；转群通道未单独设计，易造成病原微生物因转群而交叉感染，或未进行全封闭设计，影响雨季和冬季时的洗消效果。母猪批次化生产模式下，猪场设计时可采用分区原则，避免不同猪群交叉接触，阻断病原微生物传播，并通过洗消，彻底消灭病原微生物，这对于应对当前非洲猪瘟、猪繁殖与呼吸综合征等传染病的严峻防控形势，提高猪场生物安全意义重大。

母猪批次化生产猪场设计主要指母猪繁殖分区设计，应按不同类型批次化生产方案设计布局，并通过生产工艺再造，减少猪场与外部、人与猪群、猪群与猪群的接触频率，确保各个管理节点的时空间隔，辅以洗消干燥措施，提升场内生物安全水平，促进疫病防控和净化，确保猪场生产安全，大幅减少非洲猪瘟、猪繁殖与呼吸综合征等传染性疾病发生概率。

（一）母猪繁殖单独分区设计

参繁母猪是养殖场重要的种源基础和生产管理对象，应根据生产流程、配置方式、生产目标，单独分区进行母猪繁殖管理，并与其他生产区保持必要的安全隔断和安全距离，有效避免因昆虫、鼠类和气溶胶引起的病原传播，阻断传播途径。

（二）产房和配怀舍单元化设计

产房和妊娠舍或配怀舍是母猪批次化生产猪场布局设计的核心，只有每批分娩母猪产房

单元化，每批妊娠母猪妊娠舍或配怀舍单元化设计，才能确保每个单元猪舍的全进全出，同时，母猪转群后，每个单元猪舍有充足的时间彻底洗消，阻断病原微生物在母猪批次间和批次内各环节间的传播。

（三）专用转群通道设计

每个单元配怀舍与产房间有专用的母猪转群进出通道，以确保舍内生物安全。防止转群过程中病原微生物交叉感染，这一点对处于传染病潜伏期的母猪转群尤为重要。

（四）生产线分线设计

应根据所采用的批次化生产模式，采用分生产线进行猪场设计，以便人员合理配置和公猪合理化利用。例如，采用 3 周批、4 周批和 5 周批模式可考虑分别设置 3 条、4 条和 5 条生产线，也可考虑减少 1～2 条生产线，使员工能分批休息。

二、母猪批次化生产新猪场的设计参数

（一）能繁母猪周转流程及主要工艺设计参数

1. 能繁母猪周转流程　母猪批次化生产时，为实现批分娩目标，应充分利用所有能繁母猪，其中包括一小部分达到配种日龄的后备母猪和占主要比例的经产母猪，在经产母猪中除了上一生产周期的断奶母猪外，还包括少部分的繁殖异常母猪。其周转流程分一次转群和两次转群两种模式。

（1）一次转群母猪周转流程　母猪批次化生产时，一次转群的周转流程见图 5-1。

图 5-1 中，经产母猪断奶后从产房进入配怀舍；1～3 周批生产中，后备母猪和繁殖异常母猪需分别在后备母猪舍和配怀舍完成烯丙孕素饲喂后一天转入配怀舍，4 周批和 5 周批生产中，后备母猪和繁殖异常母猪开始进行烯丙孕素饲喂驯化前转入配怀舍；配怀舍妊娠母猪待分娩前从配怀舍转入产房。

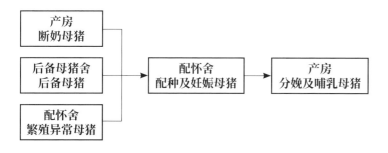

图 5-1　一次转群的母猪周转流程

繁殖异常母猪中的返情母猪，在 1～3 周批生产中，配种后 18～23d 返情母猪可以直接利用，18～23d 外返情则采用烯丙孕素饲喂法利用；4 周批和 5 周批生产模式中，母猪返情的时间往往与批次配种时间不符，不能够及时利用，因此所有可利用繁殖异常母猪均采用烯丙孕素饲喂法。

(2) 两次转群母猪周转流程 母猪批次化生产时，两次转群的母猪周转流程见图 5-2。

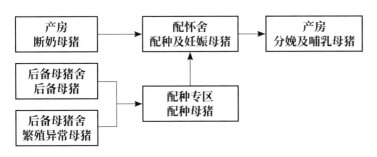

图 5-2 两次转群的母猪周转流程

图 5-2 中，断奶母猪断奶后从产房进入配怀舍配种妊娠，妊娠诊断后，可再利用繁殖异常母猪转入配种专区，部分被淘汰；后备母猪和繁殖异常母猪在配种专区开始进行烯丙孕素驯化、饲喂和配种，妊娠诊断后，受胎母猪再转入配怀舍与同批次断奶妊娠母猪合群，待分娩前从配怀舍转入产房。

2. 能繁母猪数与分娩目标数 按工业化生产方式进行猪场设计是以一定的生产目标为前提，应根据母猪的批产胎数和年总产胎数目标，而不是基于能繁母猪数进行猪场设计。科学实行母猪批次化生产，可精确实现批分娩目标：年总产胎数 = 批分娩目标 ×365d/ 批次间隔 (d)。当批分娩目标为 100 胎时，不同周批次化生产模式下年总产胎数与批分娩目标的关系见表 5-1。

表 5-1 不同周批次化生产模式年总产胎数与批分娩目标的关系（胎）

项目	批次化生产模式				
	1周批	2周批	3周批	4周批	5周批
批分娩目标	100	100	100	100	100
年总产胎数	5 214	2 607	1 738	1 304	1 042

批次母猪妊娠率和分娩率可直接影响能繁母猪存栏数，批次母猪妊娠率和分娩率越高，能繁母猪存栏数越少，每头母猪年产胎次也越多。能繁母猪存栏总数包括配种母猪群、妊娠母猪群、分娩哺乳母猪群和繁殖异常母猪群。

配种母猪群是指妊娠诊断前的批次待配母猪，其饲养周期包括断奶（停喂烯丙孕素）至配种的间隔期（简称"断配期"）5d 和妊娠诊断期 30d，在 1 周批、2 周批、3 周批、4 周批和 5 周批模式下，分别有 5 批、3 批、2 批、2 批和 1 批母猪处于这个时间段内，存栏数计算公式：

妊娠诊断前能繁母猪数 =(1～5) 群 × 批次待配母猪数。

妊娠母猪批数 = 母猪总批数－妊娠诊断前批数－产床上的母猪批数。

妊娠母猪数 = 妊娠母猪批数 × 批分娩目标 ÷ 批次受胎分娩率。

哺乳（分娩）母猪数 = 产床上的母猪批数 × 批分娩目标。

当母猪年更新率需要控制在较低水平而批次母猪分娩率较低时，需要利用部分繁殖异常母猪实现批次分娩目标，尤其是简约式母猪批次化生产，这样能繁母猪群还有一定数量的繁殖异常母猪数；而精准式母猪批次化生产时可基本不利用繁殖异常母猪，妊娠诊断后将其淘汰。

采用精准式母猪批次化生产时，母猪平均批次受胎率为 85%、受胎分娩率为 96%、批分娩目标为 100 胎、不考虑繁殖异常母猪再利用时，不同精准式批次化生产模式猪场对应的能繁母猪存栏数见表 5-2。

表 5-2   不同精准式批次化生产模式猪场能繁母猪存栏数（批分娩目标为 100 胎）

项目		批次化生产模式					
		1周批A	1周批B	2周批	3周批	4周批	5周批
批待配母猪数（头）		123	123	123	123	123	123
妊娠诊断前	批数	5	5	3	2	2	1
	母猪数（头）	615	615	369	246	246	123
妊娠	批数	11	11	5	3	2	2
	母猪数（头）	1 146	1 146	521	313	208	208
哺乳（分娩）	批数	4	5	2	2	1	1
	母猪数（头）	400	500	200	200	100	100
合计能繁母猪数（头）		2 161	2 261	1 090	759	554	431

注：1 周批 A 为哺乳期 3 周；1 周批 B 为哺乳期 4 周。

表 5-2 显示的是母猪最多存栏数，实际存栏数因妊娠诊断后淘汰未受胎母猪而减少，提前发现流产的母猪也因淘汰而减少；但实施简约式母猪批次化生产时，母猪平均批次受胎率要降低，待配母猪数会增加，同时还要再利用一部分繁殖异常母猪，母猪最多存栏数会有所增加。繁殖异常母猪利用越多，母猪平均年产胎数越少。

根据表 5-1 和表 5-2，每头母猪年产胎数分析见表 5-3。

表 5-3　每头母猪年产胎次分析

项目	批次化生产模式					
	1周批A	1周批B	2周批	3周批	4周批	5周批
年分娩目标（头）	5 214	5 214	2 607	1 738	1 304	1 042
能繁母猪数（头）	2 161	2 261	1 090	759	554	431
年产胎数	2.42	2.31	2.39	2.29	2.35	2.42

表 5-3 显示，哺乳期长（最长 28d）的 1 周批 B 和 3 周批，每头母猪年产胎数相对较少，分别可达 2.31 胎和 2.29 胎，哺乳期短的基本可达 2.42 胎。考虑到实际存栏数因妊娠诊断后淘汰未受胎母猪和流产母猪而减少，同时当批次配种母猪分娩率超过 85%，待配母猪数也能减少。因此，实际生产时，每头母猪年产胎数可分别达到 2.4 胎和 2.5 胎。

（二）产房设计参数

1. 生产目标的设计与产床数　由于批分娩目标等于批产床数，因此，年总产胎数＝批产床数 ×365d/ 批次间隔（d）。根据第 4 章表 4-7 以周为单位的批次化生产模式下产房周转周期（d）和单元数，当年产胎目标为 1 000 胎时，不同周批次化生产模式年总产胎数与批产床数、产床单元数和总产床数的关系见表 5-4。

表 5-4　不同周批次化生产模式年总产胎数与批产床数、产床单元数和
总产床数的关系（年产 1 000 胎）

项目	批次化生产模式							
	1周批A1	1周批A2	1周批B1	1周批B2	2周批	3周批	4周批	5周批
批产床数（个）	19	19	19	19	38	58	77	96
产床单元数（个）	4	5	5	6	2	2	1	1
总产床数（个）	76	95	95	114	76	116	77	96

2. 产床利用率　产床投资最大且利用率与产房周转周期有关，产床利用率＝年产胎数 ÷ 产房总数，用胎 /（床·年）表示，根据表 5-3 和表 5-4，不同周批次化生产模式产床利用率见表 5-5。

表 5-5　不同周批次化生产模式产床利用率

项目	批次化生产模式							
	1周批A1	1周批A2	1周批B1	1周批B2	2周批	3周批	4周批	5周批
年总产胎数（胎）	1 000	1 000	1 000	1 000	1 000	1 000	1 000	1 000

项目	批次化生产模式							
	1周批A1	1周批A2	1周批B1	1周批B2	2周批	3周批	4周批	5周批
总产床数（个）	76	95	95	114	76	116	77	96
产床利用率[胎/ （床·年）]	13.2	10.5	10.5	8.8	13.2	8.6	13.0	10.4

表 5-5 显示，哺乳期、母猪提前进产房天数和消毒时间短的产房利用率就高，但不利于仔猪生长、母猪分娩和阻断病原微生物的传播。

3. 不同周批次化生产模式产房的洗消时间 根据第四章表 4-7 的结果，若提前 3d 或 7d 进产房，不同周批次化生产模式产房的洗消时间见表 5-6。

表 5-6　不同周批次化生产模式产房的洗消时间（d）

时间安排	批次化生产模式							
	1周批A1	1周批A2	1周批B1	1周批B2	2周批	3周批	4周批	5周批
提前进产房 时间	3	7	3	7	3	7	3	7
洗消时间	4	7	4	7	4	7	4	7

从生物安全角度分析，表 5-6 显示，1 周批 A2、1 周批 B2、3 周批和 5 周批模式下，产房有更长的洗消时间，更有利于阻断病原微生物传播。若与产房配套的配怀舍是单元式，1 周批 A2、1 周批 B2 的配怀舍周转周期短，为保证配怀舍的洗消，妊娠母猪需提前转产房；若与产房配套的配怀舍是非单元式，1 周批 A2、1 周批 B2 妊娠母猪提前转产床的时间可适当缩短。

4. 不同周批次化生产模式分娩和断奶工作安排 同样的年总产胎数，周批次化生产模式不同，接产和断奶工作量及频次也完全不同，当年总产胎数设计目标为 1 000 胎、批次分娩率为 80% 时，不同周批次年接产和断奶工作量见表 5-7。

表 5-7　不同周批次化生产模式接产和断奶工作量（胎）

项目	批次化生产模式				
	1周批	2周批	3周批	4周批	5周批
批分娩目标	19	38	58	77	96
批接产和断奶胎数	19	38	58	77	96

简约式母猪批次化生产时，每批次分娩总时长约 1 周，集中分娩时间为 4d；精准式母猪批次化生产时，每批次母猪分娩总时长约 3d，集中分娩时间 2d。考虑到分娩期母猪更需要饲养员照顾，简约式批次化生产中，需要花更多的时间精力照顾分娩母猪，以减少死胎数。

（三）配怀舍设计参数

母猪批次化生产新猪场设计时，配怀舍设计有两种模式，一种为一次转群模式，即同批断奶经产母猪、繁殖异常母猪和后备母猪一次转群至配怀舍完成配种和妊娠，配怀舍为单元化设计；另一种为两次转群模式，即批断奶经产母猪一次转群至配怀舍完成配种和妊娠，繁殖异常母猪和后备母猪均两次转群，第一次转群至配种舍（专区）完成配种和前期妊娠，妊娠检测后确定受胎的母猪再转群至配怀舍，与断奶母猪合群完成妊娠，配怀舍也为单元化设计。

1. 一次转群配怀舍的设计参数　根据图 5-1 一次转群的母猪周转流程，单元化配怀舍定位栏数与年度最低批母猪分娩率有关，若设为 80%，每一单元化配怀舍定位栏数 = 批分娩目标 (N)/ 年度最低批母猪分娩率。根据表 4-9 的单元数，不同周批次化生产模式下一次转群模式配怀舍单元数和定位栏数见表 5-8。

表 5-8　不同周批次化生产模式下一次转群模式配怀舍单元数和定位栏数

项目	批次化生产模式							
	1周批A1	1周批A2	1周批B1	1周批B2	2周批	3周批	4周批	5周批
单元数（个）	17	16	17	16	9	6	5	4
单元定位栏数（个）	1.25N	1.25N	1.25N	1.25N	1.25N	1.25N	1.25N	1.25N
总定位栏数（个）	21.25N	20.00N	21.25N	20.00N	11.25N	7.50N	6.25N	5.00N

注：N= 批分娩目标。

实施简约式母猪批次化生产时，由于母猪发情不可控，不同季节繁殖性能差异较大，尤其在夏季，批次母猪总分娩率远低于其他季节，需要更多批次待配母猪实现分娩目标，对配怀舍栏位需求增加。但实施精准式母猪批次化生产时，通过繁殖调控技术可使夏季批次分娩率也相对稳定。因此，建议简约式母猪批次化生产夏季改用精准式母猪批次化生产模式，可以避免季节性的母猪栏位不足或无法达到批次分娩目标。妊娠诊断后，繁殖异常母猪一部分直接淘汰，一部分需要再利用时再转群到另一配怀舍与该批次后备母猪一起进行烯丙孕素处理，不再设立专门的繁殖异常母猪待配区。配怀舍单元化设计，虽定位栏数量增加，增加了投资，但可大幅减少母猪调栏工作量，减少人与猪、批与批母猪的接触，降低母猪转群的疫病传播风险。

根据一次转群模式设计，不同周批次化生产模式下母猪分别在配怀舍和产房的周转期见表 5-9。

表 5-9 不同周批次化生产模式下一次转群母猪在配怀舍和产房的周转期（d）

项目	批次化生产模式							
	1周批A1	1周批A2	1周批B1	1周批B2	2周批	3周批	4周批	5周批
产房周转期	24	28	31	35	24	35	24	28
配怀舍周转期	119	112	119	112	126	126	140	147

从表 5-9 可知，1～3 周批的配怀舍周转周期较短，后备母猪和繁殖异常母猪烯丙孕素处理无法在配怀舍中完成，后备母猪需在后备母猪舍完成烯丙孕素饲喂，繁殖异常母猪则在所在配怀舍完成饲喂，然后再转群与断奶母猪合批，而 4 周批和 5 周批有足够的时间在配怀舍中完成烯丙孕素的饲喂。

2. 两次转群式配怀舍和配种专区的设计参数 根据图 5-2 两次转群的母猪周转流程，经产母猪断奶后从产房也直接进入配怀舍配种和妊娠，繁殖异常母猪和后备母猪在专门的配种区配种，经妊娠检查后，受胎者进入配怀舍与受胎的经产母猪合批完成妊娠，再转入产房。两次转群模式设计，需要设立繁殖异常母猪和后备母猪的配种专区，增加了母猪调栏和清洗消毒的工作量，也增加了人与猪、批与批母猪的接触，增加了母猪多次转群的疫病传播风险。单元化配怀舍定位栏数与批母猪受胎分娩率有关，配怀舍每个单元定位栏数＝批次分娩目标 (N) ／批次母猪最低受胎分娩率。根据表 4-9 的单元数，若母猪最低受胎分娩率为95%，不同周批次化生产模式下两次转群模式的配怀舍单元数和定位栏数见表 5-10。

表 5-10 不同周批次化生产模式下两次转群模式配怀舍单元数和定位栏数（个）

项目	批次化生产模式							
	1周批A1	1周批A2	1周批B1	1周批B2	2周批	3周批	4周批	5周批
单元数	17	16	17	16	9	6	5	4
单元定位栏数	1.05N	1.05N	1.05N	1.05N	1.05N	1.05N	1.05N	1.05N
总定位栏数	17.85N	16.80N	17.85N	16.80N	9.45N	6.30N	5.25N	4.20N

注：N＝批分娩目标；1 周批 A2、1 周批 B2 和 3 周批母猪提前进产床和洗消时间均为 7d，若洗消时间超过7d，配怀舍还需要增加 1 个单元。

配种专区包括从配怀舍转出的部分可再利用繁殖异常母猪、配种专区留下的可再利用繁殖异常母猪，以需要补充的达到烯丙孕素饲喂日龄（216 日龄左右）的后备母猪。配种专区每一批次需要的定位栏数计算公式如下：

配种专区批定位栏数 =（批次分娩目标－批次断奶母猪分娩数）÷ 繁殖异常母猪和后备母猪平均批次分娩率

批次断奶母猪分娩数应取下限，以便疫情稳定时通过增加批次断奶母猪淘汰率来调整胎龄结构，这样，将母猪年更新率设为45%，相应的批次后备母猪补充数 = 45% ÷ 母猪年产胎数 × 批次分娩目标 ÷ 批次后备母猪分娩率，而批次后备母猪分娩率也应低设为80%，以满足不同周转状况，这样批次后备母猪补充数即为批次分娩目标的23%N，考虑到还需要利用低胎次的繁殖异常母猪，而这些母猪批次分娩率更低，这样后备母猪和繁殖异常母猪配种专区批次母猪配种数设为30%N较为合理。同样采用简约式母猪批次化生产时，由于母猪发情不可控，尤其夏季，批次母猪分娩率可能达不到理想状态，夏季也可改用精准式母猪批次化生产，以免大幅增加配种专区定位栏数。

同时，还需要考虑配种专区的一个周转周期，周转周期=烯丙孕素驯化饲喂期（20d）+结束饲喂到首次配种期（6d）+妊娠检测期（30d）+洗消时间（最少3d），≥59d，而周转批数 = 周转周期 ÷ 批次间隔，结果为整数，有小数则进一位，以保证周转，其实际周转周期=周转批数 × 批次间隔，然后根据批数和实际周转周期再计算洗消时间，洗消时间=实际周转周期－烯丙孕素驯化饲喂期－结束饲喂到首次配种期－妊娠检测期。在这一周期内，不同周批次配种专区周转批数、所需定位栏数和洗消时间见表5-11。

表5-11 不同周批次化生产模式配种专区周转批数、所需定位栏数和洗消时间

项目	批次化生产模式				
	1周批	2周批	3周批	4周批	5周批
周转周期（d）	63	70	63	84	70
周转批数	9	5	3	3	2
洗消时间（d）	7d	14d	7d	28d	4d
定位栏数（个）	2.7N	1.5N	0.9N	0.9N	0.6N

这样，两次转群模式不同周批次所需总定位栏数见表5-12。

表5-12 两次转群模式不同周批次所需总定位栏数（个）

项目	批次化生产模式							
	1周批A1	1周批A2	1周批B1	1周批B2	2周批	3周批	4周批	5周批
配怀舍定位栏数	17.85N	16.80N	17.85N	16.80N	9.45N	6.30N	5.25N	4.20N
配种专区定位栏数	2.7N	2.7N	2.7N	2.7N	1.5N	0.9N	0.9N	0.6N
总定位栏数	20.55N	19.50N	20.55N	19.50N	10.95N	7.20N	6.15N	4.80N

分析表 5-8 和表 5-12 可知，一次转群模式总定位栏数比两次转群模式总定位栏数仅增加 3% ～ 4%，而两次转群模式有 2 ～ 9 批后备母猪和繁殖异常母猪混批在配种专区待配，增加了批与批母猪间、人与猪间接触，增加了安全风险，也增加了转群工作量，况且定位栏投资并不大，故推荐使用一次转群模式。

3. 批次配种工作安排 同样的年产胎数，采用不同周批次化生产模式时，配种工作量完全不同，不同输精方式也影响配种工作时间。输精又分传统输精（子宫颈输精）、深部输精（子宫体输精）和自动输精，配种员完成一头母猪输精的平均时间依次为 6.5min、3.0min 和 1.5min。每一批次母猪配种时间宜在 2h 内完成，时间越长，失配可能性越大。这样每位配种员采用子宫颈输精、深部输精和自动输精在 2h 内分别能完成 18 头、40 头和 80 头母猪配种任务。 当年产胎数设计目标为 1 000 胎（万头场），批配种分娩率为 80% 时，不同周批次化生产模式年配种工作量见表 5-13。

表 5-13　不同周批次化生产模式年配种工作量表

项目	批次化生产模式				
	1周批	2周批	3周批	4周批	5周批
批分娩目标（头）	19	38	57	76	96
配种数（次）	24	48	71	95	120
传统输精所需配种员数（人）	1	3	4	5	7
深部输精所需配种员数（人）	1	1	2	2	3
自动输精所需配种员数（人）	1	1	1	1	2

表 5-13 显示，不同输精方式效率明显不同，深部输精和自动输精尤其适用于批次化生产时的集中配种，可大幅度提高劳动效率。

（四）后备母猪舍设计参数

后备母猪舍设计分引种和自繁自养两种模式，其设计参数也不同。

1. 引种模式后备母猪舍设计参数 采用引种模式时，引种次数应尽量减少，为此，后备母猪舍一般设计为采用一次性引入不同日龄的后备母猪，再根据批次导入需要分批次配种转出，后备母猪转出后烯丙孕素驯化、饲喂到配种期（26d），若配种日龄为 240 日龄，即培育至 214 日龄再根据周批次模式不同，分批进入配怀舍或配种专区。后备母猪舍设计参数与后备母猪培育周期和周转周期有关，而后备母猪培育周期又与后备母猪需隔离驯化期和最小引种日龄有关。引种的后备母猪最好隔离驯化2个月及以上（至少6周），若最少驯化期为60d，那么最大引种日龄＝214－60＝156日龄，此日龄也基本满足光照、诱情、免疫等后备母猪管理要求。批次化猪场一般引种25kg以上的小母猪，可以有更长的隔离、驯化和过渡期，减少年引种次数，这样对疫病防控更有利，因此最小日龄不低于保育结束时70日龄，也能基本满足后备母猪初选的要求。若1周批同一引种日龄补充到2个批次，其他周批同一引种日龄补充1个批次，不同周批批次模式引种后备母猪日龄及批次安排见表5-14至表5-17。

表5-14　1、2周批模式引种后备母猪日龄及批次安排

批次	1	2	3	4	5	6	7
日龄	156	142	128	114	100	86	72

表5-15　3周批模式引种后备母猪日龄及批次安排

批次	1	2	3	4	5
日龄	156	135	114	93	72

表5-16　4周批模式引种后备母猪日龄及批次安排

批次	1	2	3	4
日龄	156	118	90	72

表5-17　5周批模式引种后备母猪日龄及批次安排

批次	1	2	3
日龄	156	121	86

从表5-14至表5-17可以看出，1周批、2周批、3周批、4周批、5周批时，一次引种可分别满足14批次、7批次、5批次、4批次、3批次需要，但要注意日龄偏小的后备母猪数可适当增加，以便再次选育。后备母猪最多培养周期是72～214日龄转至配怀舍或配种专区。

后备母猪最大培育周期＝214日龄－最小引种日龄，而后备母猪舍周转周期由最大培育周期决定，其周转周期＝引种批数×批次间隔，若实行引种后备母猪一次引进分批次转出的要求，其中单元数＝后备母猪最大培育周期÷引种周转周期，洗消时间＝引种周转周期×单元数－最大培育周期，这样不同周批次化生产模式后备母猪舍设计参数见表5-18。

表 5-18　不同周批次化生产模式后备母猪舍设计参数

项目	批次化生产模式				
	1周批	2周批	3周批	4周批	5周批
最大培育周期（d）	142	142	142	142	128
引种周转周期（d）	98	98	105	112	105
单元数（个）	2	2	2	2	2
洗消时间（d）	54	54	54	82	82

根据表 5-14 至表 5-17 不同周批次化生产模式的引种批次，当批次分娩目标为 100 胎时，应按照最高母猪年更新率 45%、后备母猪总利用率 85% 计算，批引种数 = 母猪年更新率 ÷ 母猪年产胎数 ÷ 后备母猪总利用率 × 批次分娩目标，不同周批次化生产模式后备母猪舍（2 个单元）的大栏数（10 头 / 大栏）见表 5-19。

表 5-19　不同周批次化生产模式后备母猪舍的大栏数（批次分娩目标 100 胎）

项目	批次化生产模式				
	1周批	2周批	3周批	4周批	5周批
引种批次	14	7	5	4	3
每批引种数（头）	22	22	22	22	22
一次引种数（头）	308	154	110	88	66
大栏数（个）	62	32	22	18	14

根据批次分娩目标的不同，可从表 5-19 推算不同周批次化生产模式后备母猪舍（2 个单元）的大栏数。

2. 自繁自养模式后备母猪舍设计参数　由于受非洲猪瘟的影响，中小猪场采用自繁自养模式的比例呈现增高趋势。自繁自养可省去隔离驯化环节，避免了引种带来的疫病风险，但 160 日龄前必须转群至后备母猪舍，以便进行光照和诱情管理，促进后备母猪性成熟。可根据各猪场自身特点确定留种转群日龄，并培育至 214 日龄转至配怀舍或配种区。为减少转群次数，保证生物安全，建议将 100～160 日龄留种转群。不同周批次化生产模式后备母猪留种日龄及批次安排见表 5-20 至表 5-23。

表 5-20　1、2 周批模式留种后备母猪日龄及批次安排

批次	1	2	3	4
日龄	156	142	128	114

表 5-21　3 周批模式留种后备母猪日龄及批次安排

批次	1	2	3
日龄	156	135	114

表 5-22　4 周批模式留种后备母猪日龄及批次安排

批次	1	2	3
日龄	156	128	100

表 5-23　5 周批模式留种后备母猪日龄及批次安排

批次	1	2
日龄	156	121

自繁自养时，不需要实行后备母猪舍全进、分批次出的方式，后备母猪最大培育周期＝转出日龄（214d）－最小引种日龄＋最少洗消时间（3d），留种周转周期＝引种批数 × 批次间隔，其栏位调整系数＝后备母猪最大培育周期 ÷ 留种周转周期，以满足连续批次的要求，这样，与引种模式一样，不同周批次化生产模式后备母猪舍设计参数见表 5-24。

表 5-24　不同周批次化生产模式后备母猪舍设计参数

项目	批次化生产模式				
	1周批	2周批	3周批	4周批	5周批
最大培育周期（d）	103	103	103	117	96
留种周转周期（d）	56	56	63	84	70
调整系数	1.84	1.84	1.64	1.39	1.37

根据表 5-20 至表 5-23 不同周批次化生产模式的每次留种批次，当批次分娩目标为 100 胎时，按照最高母猪年更新率 45%、后备母猪总利用率 85% 计，其大栏数－一次留种数 × 调整系数 ÷10（头 / 大栏），不同周批次化生产模式后备母猪舍的大栏数（10 头 / 大栏）见表 5-25。

表 5-25　不同周批次化生产模式后备母猪舍的大栏数（批分娩目标 100 胎）

项目	批次化生产模式				
	1周批	2周批	3周批	4周批	5周批
留种批次	8	4	3	3	2

项目	批次化生产模式				
	1周批	2周批	3周批	4周批	5周批
每批留种数（头）	22	22	22	22	22
一次留种数（头）	176	88	66	66	44
调整系数	1.84	1.84	1.64	1.39	1.37
大栏数（个）	33	17	11	10	6

批次分娩目标不同时，可参考表5-25推算不同周批次化生产模式后备母猪舍的大栏数。表5-25与表5-19比较，同样的批次分娩目标，引种模式与自繁自养模式相比，引种模式后备母猪舍的大栏数明显增加。

3. 后备母猪舍烯丙孕素饲喂区设计　采用单元化配怀舍设计，采用1～3周批才考虑设计后备母猪舍烯丙孕素饲喂区。饲喂区的周转周期包括烯丙孕素饲喂驯化2d，饲喂期最长18d，停饲后1d转配怀，再加上洗消时间，其中驯化可在大栏完成，这样可考虑21d的周转周期，1周批、2周批和3周批分别需要3批次、2批次和1批次后备母猪饲喂烯丙孕素的定位栏。按照最高母猪年更新率45%、后备母猪总利用率85%计，不同周批次化生产模式后备母猪舍烯丙孕素饲喂区所需定位栏数见表5-26。

表5-26　不同周批次化生产模式后备母猪舍烯丙孕素饲喂区所需定位栏数（个）

项目	批次化生产模式		
	1周批	2周批	3周批
饲喂批次	3	2	1
每批定位栏数	0.21N	0.21N	0.21N
总定位栏数	0.63N	0.42N	0.21N

三、母猪批次化生产新猪场的设计方案

不同周批次模式有不同的特点，设计猪场母猪批次化生产方案时需要仔细考虑。

1周批母猪批次化生产设计的猪场，母猪哺乳期为21d或28d。若选择28d哺乳期，每头母猪年产胎次相对较低，但保育和育肥阶段容易饲养；产房洗消时间可以随产房单元数的增加而变长，能有效阻断病原微生物传播；对公司加农户经营模式，哺乳期为28d的断奶仔猪可直接提供给农户，减少保育环节；1周批尤其适用于配种周期较长的简约式母猪批次化生产，返情母猪可以直接配种入群，哺乳期长有利于断奶后发情，提高断奶母猪利用率。总之，1周批生产对哺乳和产房洗消时间有更多选择。

2 周批母猪批次化生产设计的猪场，母猪哺乳期最多为 21d，每头母猪年产胎数高；产房利用率高，投资少。缺点是产房洗消时间短，需要采用相应高效的技术和管理措施，提高洗消效率；配种和分娩在同一周内完成，短期内工作量大，不利于劳动力安排。

3 周批母猪批次化生产设计的猪场，母猪哺乳期 28d，每头母猪年产胎数也相对稍低，但保育和育肥阶段容易饲养；产房洗消时间长，能有效阻断病原微生物的传染途径。缺点是产房利用率相对较低，投资增加。此外，对公司加农户经营模式，哺乳期为 28d，在产房最多留养 7d，可直接提供给农户，减少保育环节；3 周批生产返情母猪可以直接配种入群，哺乳期长有利于断奶后发情，提高断奶母猪利用率；3 周批生产特别适用于种猪场，其更长的洗消周期，较少的母猪分群数更有利于疫病净化。

4 周批母猪批次化生产设计的猪场，母猪哺乳期 21d，每头母猪年产胎数高；产房利用率高，投资少。缺点是产房洗消时间短，需要采用相应高效的技术和管理措施，提高洗消效率；配种和分娩在同一周内完成，短期内工作量大，不利于劳动力安排。

5 周批母猪批次化生产设计的猪场，母猪哺乳期 21d，每头母猪年产胎数高；产房洗消时间长，能有效阻断病原微生物交叉感染；但产房利用率相对较低，投资增加。5 周批也特别适用于种猪场，其更长的洗消周期，更少的母猪分群数，更有利于疫病净化。

总之，简约式母猪批次化生产推荐选择哺乳期 28d 的 1 周批和 3 周批；种猪推荐选择 3 周批和 5 周批；1～5 周批则均适用于精准式母猪批次化生产。

(一) 布局设计

母猪批次化生产（母猪繁殖区）的设计，主要考虑饲养和转群环节中批与批母猪之间的隔离，避免相互接触，也要考虑减少人与猪之间的接触。一次转群模式下，不同周批次模式后备母猪舍、产房和配怀舍的布局见图 5-3 至图 5-8。

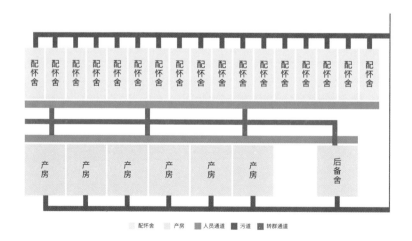

图 5-3 1 周批后备母猪舍、产房和配怀舍的布局
注：不同的 1 周批，产房单元数 4～6 个，宜设计为 1 幢；配怀舍单元数 16～17 个，也宜设计为 1 幢

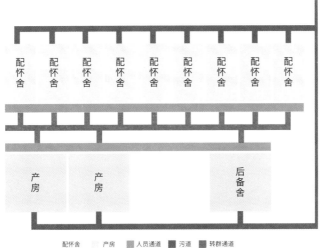

图 5-4　2 周批后备母猪舍、产房和配怀舍布局
注：2 周批，产房单元数 2 个，宜设计为 1 幢；配怀舍单元数 9 个，也宜设计为 1 幢

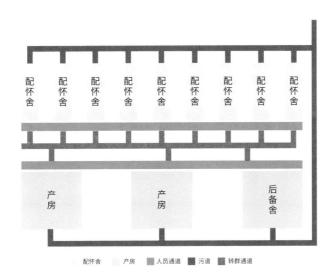

图 5-5　3 周批后备母猪舍、产房和配怀舍布局（一）

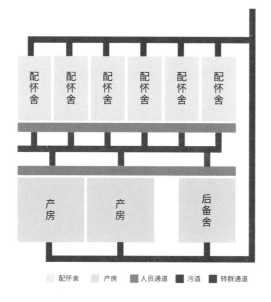

图 5-6　3 周批后备母猪舍、产房和配怀舍布局（二）
注：3 周批，产房单元数 2 个，宜设计为 1 幢或 2 幢；配怀舍 6 个，宜设计为 1 幢或 6 幢

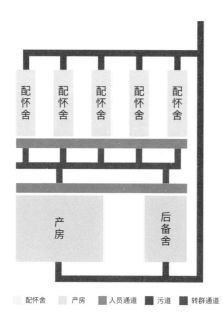

图 5-7　4 周批后备母猪舍、产房和配怀舍布局
注：4 周批，产房和配怀舍单元数较少，每个单元宜设计为 1 幢

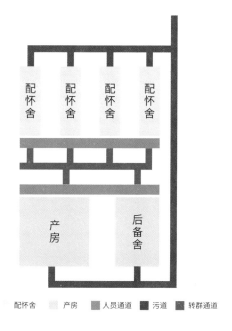

配怀舍　　产房　　人员通道　　污道　　转群通道

图 5-8　5 周批后备母猪舍、产房和配怀舍布局
注：5 周批，产房和配怀舍单元数较少，每个单元宜设计为 1 幢

　　一次转群模式时，1～3 周批由于配怀舍周转时间短，后备母猪舍还应设烯丙孕素饲喂区，4～5 周批由于配怀舍周转时间长，后备母猪饲喂烯丙孕素可在配怀舍中完成。图 5-3 至图 5-8 中黑色部分为猪转群通道，转猪前后都需要洗消，以阻断不同批次母猪转群时病原的交叉传染。

　　对于两次转群模式，其后备母猪舍区域应重新进行设计，包括后备母猪培养区和后备母猪及繁殖异常母猪配种区，其设计见图 5-9。

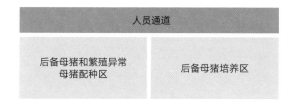

图 5-9　两次转群模式后备母猪舍区域设计

　　两次转群模式时，后备母猪培养区和后备母猪及繁殖异常母猪配种区，与配怀舍和产房总体布局与一次转群模式相同。

　　产房和配怀舍洗消时间上文中已明确。上图中黑色部分为猪转群通道，转猪前后都需要洗消，以阻断不同批次母猪转群时病原的交叉传染。

（二）附属设施的设计

1. 猪转群通道的设计　转群通道用于母猪和断奶仔猪的转群，净宽以母猪不能调头为原则，约0.8m，两侧建不低于1m高的实体墙，上面用棚式结构全封闭，以避免雨雪影响洗消效果，其剖面示意见图5-10。

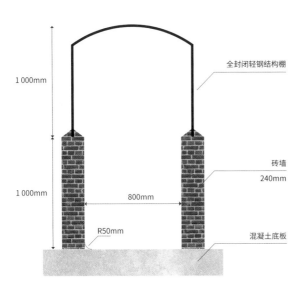

图 5-10　转群通道剖面示意

2. 母猪转群洗消间的设计　母猪转群洗消间设置于母猪进入猪转群通道去产房前（图5-11）。

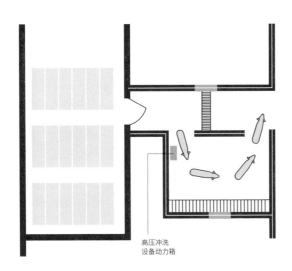

图 5-11　母猪转群洗消间示意

3. 防鼠板的设计　围墙门、猪舍门、猪转运通道、应急处理通道开口处，均设置防鼠板，高度60cm，板材应光滑，用卡槽固定，见图5-12。

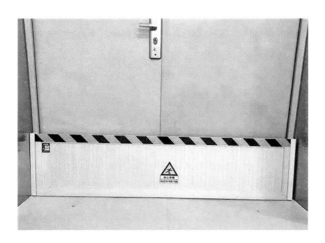

图5-12　防鼠板

4. 污道和应急处理场的设计　污道的设计原则是处理病死猪的专用通道，该通道可防止处理过程污染净道、场内土壤和地下水。处理病死猪需要用底部密封的车转运，或病死猪密封包裹后再装车转运，处理后再消毒。

为保证场内的生物安全，还可考虑设计应急处理场。应急处理场为大量病死猪处理时的暂存处，以防处理过程中大量病原微生物尤其是非洲猪瘟病毒污染场内土壤和地下水。其剖面示意见图5-13。

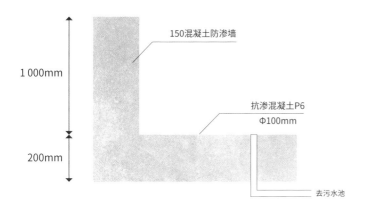

图5-13　应急处理场剖面示意

注：地面为200mm厚的加钢筋网防渗混凝土，周边为1000mm高的隔离墙，中间有地漏，污水经管排放。未处理病死猪期间，应急处理通道和应急处理场所产生的雨水直排，处理病死猪期间排至污水池，直到处理完毕彻底洗消后再排放

（三）母猪批次化生产猪场的分线设计

母猪批次化生产猪场分线设计的目的是有效组合场内劳动力，以提高人员劳动效率，尤其适用于大型猪场的繁殖区设计，也适用于场内自己供精的猪场，可减少公猪饲养数。

1周批和2周批由于批次间隔短，没有必要分线设计，只有当3周批、4周批和5周批时，有必要进行分线设计。实行3周批、4周批和5周批时，最多可分别采用3条、4条和5条繁殖线设计，这样每周都有配种、接产、断奶等相应的重要工作，可分别设有配种、接产、断奶等工作小组，有利于场内的劳动组合，这些工作小组转线生产时，宜在场内休息隔离1～2d，防止人员携带病原微生物，尤其是非洲猪瘟病毒。

从饲养员福利来看，实行3周批、4周批和5周批分线设计时，若生产线的数量少于批次间隔周数，即3周批2条生产线、4周批2条或3条生产线、5周批3条或4条生产线，相应的配种、接产等工作人员可实现轮流休息。

实行3周批时，采用2条繁殖线设计，这样配种、接产等重要岗位工作人员每3周都有1周可以休息。3周批2条生产线主要工作及配种、接产人员休息安排见表5-27。

表5-27　3周批2条生产线主要工作及配种、接产人员休息安排

时间	1线主要工作	2线主要工作	休息岗位
第1周		接产	配种（周日至下周五6d）
第2周	配种		接产（周六至下周四6d）
第3周	接产	配种	

实行4周批2条或3条生产线设计时，2条生产线可按第1、3周配种安排生产，3条生产线可按第1、2、3周配种安排生产，配种、接产人员休息安排见表5-28和表5-29。

表5-28　4周批2条生产线主要工作及配种、接产人员休息安排

时间	1线主要工作	2线主要工作	休息岗位
第1周	配种、接产		
第2周			配种（周四至下周五8d）
第3周		配种、接产	
第4周			接产（周六至下周三8d）

表 5-29　4 周批 3 条生产线主要工作及配种、接产人员休息安排

时间	1线主要工作	2线主要工作	3线主要工作	休息岗位
第1周	配种、接产			
第2周		配种、接产		
第3周			配种、接产	配种、接产（周六至周日 2d）
第4周				配种、接产（周一至周六 6d）

进行 5 周批分 3 条或 4 条生产线时，3 条生产线可按第 1、3、5 周配种安排生产（设计规划见图 5-14），4 条生产线可按第 1、2、3、4 周配种安排生产，配种、接产人员休息安排见表 5-30 和表 5-31。

图 5-14　5 周批 3 条生产线设计规划

表 5-30　5 周批 3 条生产线主要工作及配种、接产人员休息安排

时间	1线主要工作	2线主要工作	3线主要工作	休息岗位
第1周	配种		接产	配种（周五至周日 3d）
第2周	接产			配种（周一至周日 7d）
第3周		配种		接产（周一至周日 7d）
第4周		接产		接产（周一至周三 3d）
第5周			配种	

表 5-31　5 周批 4 条生产线主要工作及配种、接产人员休息安排

时间	1线主要工作	2线主要工作	3线主要工作	4线主要工作	休息岗位
第1周	配种				接产（周一至周日 7d）

时间	1线主要工作	2线主要工作	3线主要工作	4线主要工作	休息岗位
第2周	接产	配种			接产（周一至周三 3d）
第3周		接产	配种		
第4周			接产	配种	配种（周五至周日 3d）
第5周				接产	配种（周一至周日 7d）

第二节
母猪批次化生产旧猪场改造设计

　　母猪批次化生产不仅新猪场可以实施，旧猪场经适当改造也可以实施。本节介绍了我国现有旧猪场繁殖区的设计模式，通过现有产房、妊娠舍、配种舍等参数分析，提出了批次化改造方案，以便合理利用现有资源，最大限度地发挥母猪生产性能，同时改善猪场内部生物安全管理。

一、现有旧猪场的主要设计模式

　　我国现有猪场繁殖区的设计模式主要分两种，即中小规模猪场普遍采用的英式设计和大规模猪场普遍采用的美式设计（图5-15和图5-16）。

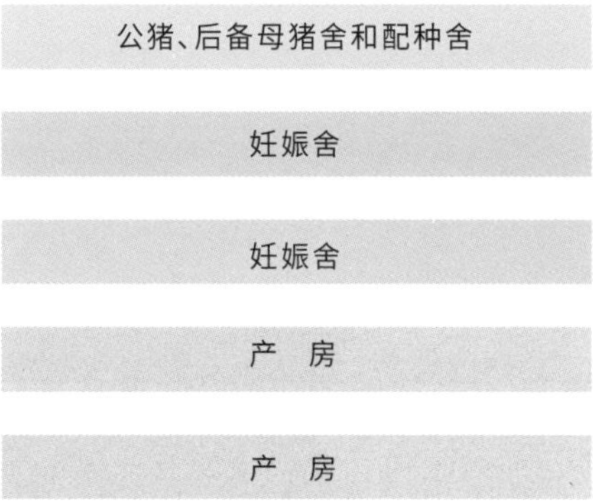

公猪、后备母猪舍和配种舍

妊娠舍

妊娠舍

产　房

产　房

图5-15 英式中小规模猪场设计平面示意

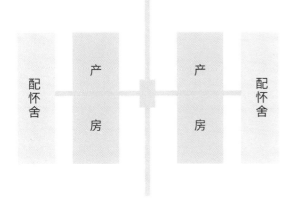

图 5-16 美式大规模猪场设计平面示意（1 条生产线）

英式中小规模猪场的设计，通常能繁母猪数为 300～1 000 头，按 1 周批设计：配种舍 1 幢，设公猪、后备母猪区和配种区；妊娠舍 2 幢，不分单元；产房 2 幢，常分 6 个单元。其主要生产工艺流程是主动淘汰后留下的断奶母猪转入妊娠舍配种，返情母猪继续留在妊娠舍配种，断奶 10d 内不发情、空怀和流产母猪转入配种舍大栏，发情的后备母猪和繁殖异常母猪转入配种区配种，妊娠诊断后再转入妊娠舍，妊娠期 105～111d 母猪转入产房待产，哺乳 21～28d 断奶。其主要设计参数见表 5-32。

表 5-32　英式中小规模猪场的设计参数

项目	配种舍定位栏和大栏	妊娠舍定位栏	产房产床
单元（区）	大栏区、配种区	不分	常分 6 个
定位栏或产床数	能繁母猪数的 10%	能繁母猪数的 80%	能繁母猪数的 26%
大栏数	能繁母猪数的 6%	—	—
定位栏数：产床数 = 3.46：1			

美式大规模猪场的设计，通常能繁母猪数为 2 000～5 000 头，按 1 周批设计：中间产房 2 幢，产房中间为断奶仔猪转运通道；配怀舍 2 幢，常不分单元，在产房的两侧，常分 6 个或 6 的倍数个单元，中间设有转群通道，转接产房和配怀舍；另设后备母猪培育舍。其主要生产工艺流程是主动淘汰后留下的断奶母猪转入配怀舍配种，主动淘汰后留下的繁殖异常母猪继续留在配怀舍配种，后备母猪 160 日龄或 215 日龄也进入配怀舍诱情或待配，妊娠诊断后再调栏，妊娠 105～111d 母猪转入产房待产，哺乳 21～28d 断奶。其主要设计参数见表 5-33。

表 5-33　美式大规模猪场的设计参数

项目	妊娠舍定位栏	产房产床
单元（区）	不分	常分 6 个或 6 的倍数个
定位栏或产床数	能繁母猪数的 85%	能繁母猪数的 26%

定位栏数：产床数 = 3.27∶1

二、旧猪场产房和配怀舍参数分析

（一）产房单元数

　　我国现有旧猪场改造成批次化猪场时，由于产房投资大，需要遵循充分利用产床资源的改造原则，首先要分析猪场现有的产床单元数和可实行的周批次。产房单元数与批次之间的关系见表 5-34。

表 5-34　产房单元数与批次之间的关系

产房单元数（个）	适用的批次
1	4、5
2	2、3、4、5
3	4、5
4	1、2、3、4、5
5	1、4、5
6	1、2、3、4、5

　　若产房进行因场制宜的改造，如分单元、重组单元后能达到相应的单元数，也可适用于相应的周批次。

（二）产床数和定位栏数

　　旧猪场改成多周批常见的问题是定位栏和产房之间的比例失调，即产房多、定位栏少，若定位栏无法增加，应寻求产房和定位栏之间的平衡点。不同周批次化生产模式采用不同母猪转群模式时定位栏数和产床数之间的比例见表 5-35。

表 5-35　不同周批次化生产模式采用不同母猪转群模式时定位栏数和产床数之间的比例

转群模式	批次化生产模式							
	1周批A1	1周批A2	1周批B1	1周批B2	2周批	3周批	4周批	5周批
一次转群模式	5.31：1	4.00：1	4.25：1	3.33：1	5.63：1	3.75：1	6.25：1	5.00：1
两次转群模式	5.14：1	3.90：1	4.11：1	3.25：1	5.48：1	3.6：1	6.15：1	4.80：1

三、产房和配怀舍改造方法

(一) 英式中小规模猪场的改造

根据表5-31，典型的英式中小规模猪场的改造，其6个单元产房理论上都适用于1周批、2周批、3周批、4周批和5周批。实行1周批应无问题，但实行多周批时，需要在产房数和定位栏数之间寻找平衡点。从表5-34可知，多周批时，3周批所需定位栏数量最少，原配种舍经适当改造，以适合繁殖异常母猪和后备母猪配种，原妊娠舍改成6个配怀单元，每个单元定位栏数为102.6% 批分娩目标，当妊娠率与分娩率相差较小时，能达到分娩目标。3周批每头母猪年产胎数比4周批减少0.1胎，但哺乳期和洗消时间长，有利于阻断病原微生物的传播途径，仔猪也更好养，死亡率低，后续生长速度也更快。典型的英式中小规模猪场3周批改造方案见图5-17。

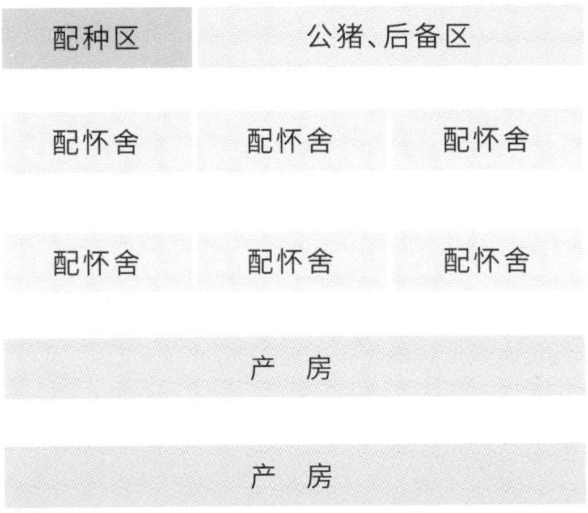

配种区	公猪、后备区	
配怀舍	配怀舍	配怀舍
配怀舍	配怀舍	配怀舍
产　房		
产　房		

图 5-17　典型的英式中小规模猪场 3 周批改造方案

（二）美式大规模猪场的改造

根据表 5-32，典型的美式大规模猪场的改造，其 6 个或 6 的倍数个单元的产房理论上都适用于 1 周批、2 周批、3 周批、4 周批和 5 周批。实行 1 周批应无问题，但实行多周批时，也需要在产房数和定位栏数之间寻找平衡点。从表 5-32 可知，多周批时，3 周批所需定位栏数量最少，3 周批最为合理，由于没有配种舍，宜采用一次转群模式，原配怀舍改成 6 个单元，每个单元定位栏数为 109.0% 批分娩目标，当批次母猪总分娩率高时，也基本能达到分娩目标。典型的美式大规模猪场可分为 2 条生产线，当实行 3 周批时，分别间隔 1 周、2 周组织生产。典型的美式大规模猪场 3 周批改造方案见图 5-18。

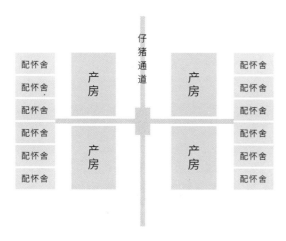

图 5-18 典型的美式大规模猪场 3 周批改造方案（1 条生产线）

（三）其他规模猪场的改造

除典型的英式中小规模猪场和美式大规模猪场外，其他猪场的改造思路也是一样的。先根据表 5-32 的产房单元数确定适合的周批次模式；然后确定定位栏是否能增加，若能增加，可改造成完全适合产房单元数的周批次模式；若定位栏不能增加，则选择定位栏数与产床数之比最接近的周批次模式。

Muzhu Picihua
Shengchan Guanli Jishu

第六章
母猪批次化生产的营养需要与饲喂管理

母猪的繁殖周期可分为后备期、配种期、妊娠期和泌乳期四个阶段，每个阶段的生理特点和营养需求均各不相同。与连续生产相比，母猪批次化生产可以保证母猪群繁殖状态的一致性，使处于同一生理状态的母猪数量增加，更易实现精准营养与饲喂管理。本章在阐述繁殖周期中母猪和胎儿的营养生理规律的基础上，重点讲述繁殖周期各阶段母猪的营养需要特点和饲喂管理，并结合当前养殖现状，简要介绍三元后备母猪的营养需要特点。

第一节
母猪后备期的营养需要与饲喂管理

后备母猪是指选留后尚未参加配种的母猪，后备期又称繁殖的准备期。后备母猪的生长管理、繁殖器官和骨骼的发育状态以及疾病的控制对其生产潜能的发挥，甚至对其终生生产性能的表现都起着至关重要的作用，为此我们在生产中必须高度重视母猪后备阶段的培育和健康管理。

一、母猪后备期营养生理规律

（一）母猪后备期生长发育规律

仔猪出生后的生长速度非常快，以 LY 母猪（即以长白公猪与大约克母猪杂交生产的母猪）为例，其体重与日龄关系可见图 6-1。母猪的体重在 20～60kg 属于生长期，此时母猪体内的组织和器官还没有完全发育成熟，猪脂肪的增长相对较慢，而骨骼和肌肉的生长发育则是主要任务。体重在 20～40kg，母猪平均日增重能达到 551.03g；30～50kg 时，平均日增重则能达到 737g；51～75kg 时，平均日增重为 840g；75～100kg 时，平均日增重为 811g。母猪体重超过 60kg 时，其体内的各器官、组织及功能形成都基本完成，随后机体脂肪沉积增加，其相对生长速度在 4 月龄以前达到最高，增长速度在 8 月龄以前达到最快，8 月龄前的体重可占成年体重的 1/2，母猪日增重规律可见图 6-2。

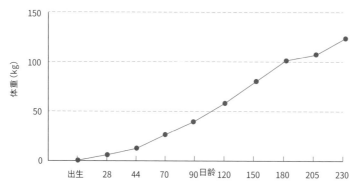

图 6-1 母猪体重变化
（引自晋超，2018）

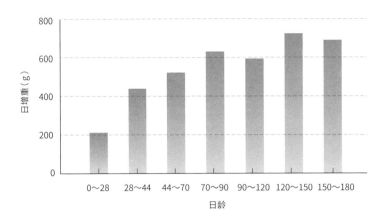

图 6-2 母猪各阶段日增重
（引自晋超，2018）

（二）母猪后备期繁殖器官发育规律

繁殖器官发育是母猪终身繁殖的基础，而后备期是母猪繁殖器官发育的重要阶段。母猪的主要繁殖器官包括卵巢、输卵管及子宫。母猪出生和1月龄之内卵巢重量变化不大，但到60日龄时，卵巢重量约是50日龄时的5倍，3月龄时约为2月龄时的3倍，4月龄为3月龄的3倍多，而到8月龄时卵巢重量尚不足4月龄的2倍，可见卵巢重量增长高峰是在出生后第2个月。不同日龄猪卵巢发育情况可见表6-1。

表 6-1　不同日龄猪卵巢发育情况

日龄	卵巢重量（g）	大小（mm³，长×宽×厚）	皮质部占总面积百分比（%）	髓质部占总面积百分比（%）
3	0.04±0.01	0.51×0.37×0.26	61.09	38.91
40	0.05±0.01	0.58×0.41×0.32	49.44	50.55
50	0.11±0.02	0.64×0.44×0.35	51.73	41.25
60	0.58±0.0	20.76×0.48×0.34	74.09	25.90
72	0.81±0.01	0.81×0.51×0.37	79.16	20.83
86	1.37±0.12	1.26×0.78×0.67	82.13	17.86
95	1.78±0.23	1.52×0.98×0.79	85.78	14.21
165	3.64±1.01	2.07×1.41×1.28	88.86	11.13

资料来源：梁学超等，2017。

母猪出生后的卵巢发育可分为3个阶段：卵原细胞增殖期（3日龄）、卵泡缓慢生长期

（40～60 日龄）、卵泡快速生长期（72～165 日龄）。在卵原细胞增殖期，卵巢皮质、髓质界限不清，存在尚未完全退化的"卵巢网"结构，此期以卵原细胞的增殖分裂为特点，皮质外围可见大量增殖的卵原细胞（图 6-3A）；在卵泡缓慢生长期，皮质、髓质界限仍不明显，皮质主要被大量成群的原始卵泡占据，在 60 日龄数量最多，仅在靠近髓质处可见数个生长卵泡，随日龄增加，原始卵泡数量开始减少（大部分闭锁退化），而初级卵泡和次级卵泡的数量及体积均明显增加（图 6-3BC）；在卵泡快速生长期，皮质、髓质界限清晰，原始卵泡数量继续减少，而生长卵泡的数量及体积均不断增大（图 6-3DE）。初级卵泡的数量在 86 日龄时达到最大值，72 d 时卵巢中出现三级（有腔）卵泡（图 6-3D），95 日龄时卵巢中出现近成熟卵泡（图 6-3F）。

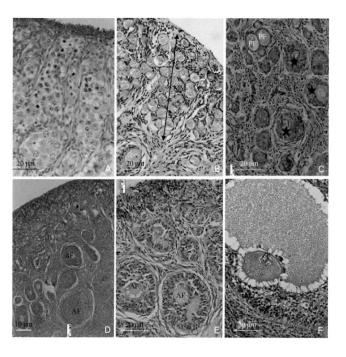

图 6-3　母猪不同阶段卵巢组织学结构
A. 卵原细胞增殖期　B、C. 卵泡缓慢生长期　D、E、F. 卵泡快速生长期

注：MM 为原始细胞群；PF 为初级卵泡；★为次级卵泡；AF 为有腔卵泡；ZF 为透明带
（引自梁学超等，2017）

　　子宫作为胎儿生长发育的场所，其发育状态对母猪繁殖性能有重要影响。母猪出生至 3 月龄时，在子宫横截面中，一个视野中的子宫内膜数量和子宫内膜整个区域的腺体数量急剧增加；3～6 月龄，子宫内膜和腺体持续发育并逐渐成熟，子宫腺获得了分泌能力，而在 6 月

龄时观察到子宫的生长发育停滞，但这并非子宫的最终发育状态。情期启动后母猪子宫又开始迅速发育，性成熟过程中的后备母猪，其子宫内膜和子宫肌层的厚度、腺上皮的高度和相对腺体面积均显著大于未性成熟的小母猪。在前三个性周期中，子宫内膜和子宫肌层的厚度明显增长，子宫上皮高度、横截面中腺体数以及相对腺体面积几乎保持恒定。在性周期内，表面上皮高度（最大值：发情期），腺体占总面积百分比（最大值：发情后期至间情期），以及腺体数量（最大值：间情期）都发生了显著的变化，子宫的功能会更加稳定。母猪性成熟过程中子宫生长变化可见图6-4。

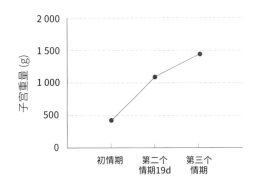
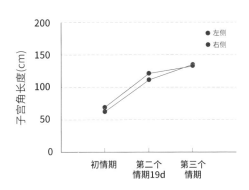

图 6-4 后备母猪性成熟时期子宫的生长
（引自周东胜，2013）

二、母猪后备期营养需要

后备期营养既要确保母猪的生长需要，又要保证繁殖器官和卵母细胞的最佳发育，因此后备母猪营养需要是针对后备母猪维持和生长所需供给的营养水平，该阶段的目标是体成熟与性成熟一致，这对于充分发挥后备母猪繁殖性能具有重要意义。

（一）后备前期的营养需要

母猪后备前期在 60～150 日龄，体重范围为 20～90kg，此阶段母猪生长快速，且主要是骨骼和肌肉的发育时期，为促进骨骼发育，使母猪尽早进入初情期，可实行自由采食。基于母猪后备前期的生长与生理特点以及营养代谢特点，推荐后备前期母猪根据表 6-2 的营养需要量进行饲喂，实际生产中可结合品种、品系以及目标生长速度进行调整。通过精准营养可让后备母猪具有最佳生理状态，发挥最佳繁殖性能。

表 6-2　母猪后备前期营养需要量推荐

营养参数	营养水平	
	20～50kg	50～90 kg
净能（kcal/kg）*	2 400	2 400
SID Lys（%）	0.85	0.75
SID Met+Cys/SID Lys（%）	65	65
SID Thr/SID Lys（%）	70	60
SID Try/SID Lys（%）	19	17
SID Val/SID Lys（%）	70	65
SID Ile/SID Lys（%）	65	59
钙（%）	0.80	0.80
可消化磷（%）	0.35	0.35
钠（%）	0.25	0.25
铜（mg/kg）	20	20
锌（mg/kg）	60	50
铁（mg/kg）	100	80
锰（mg/kg）	45	40
硒（mg/kg）	0.3	0.3
碘（mg/kg）	0.4	0.3
维生素 A（IU/kg）	6 500	6 500
维生素 D（IU/kg）	2 000	1 500
维生素 E（IU/kg）	80	80
维生素 K（mg/kg）	4	4
硫胺素（mg/kg）	2	2
核黄素（mg/kg）	6	5
烟酸（mg/kg）	30	30
泛酸（mg/kg）	20	20
维生素 B_6（mg/kg）	4	4
生物素（mg/kg）	0.7	0.7
叶酸（mg/kg）	4.0	3.0
维生素 B_{12}（mg/kg）	0.04	0.04
胆碱（mg/kg）	750	600

注：本营养需要量主要针对瘦肉型后备母猪，0～225 日龄日增重为 660～700g，适用于长大或大长二元杂交后备母猪；SID Lys，标准回肠可消化赖氨酸；SID Met+Cys，标准回肠可消化蛋氨酸 + 胱氨酸；SID Thr，标准回肠可消化苏氨酸；SID Try，标准回肠可消化色氨酸；SID Val，标准回肠可消化缬氨酸；SID Ile，标准回肠可消化异亮氨酸，以下相同。
资料来源：四川农业大学和嘉吉动物营养，2019。

---

*1kcal ≈ 4.186kJ。——编者注

（二）后备后期的营养需要

1. 后备后期的营养管理 母猪后备后期为体重90kg至配种前，为使其体成熟与性成熟一致，通常会在体重90kg后采取限制饲喂，这样做的目的有三个：一是控制母猪体重和背膘厚度，避免配种时背膘过厚对繁殖性能产生不利影响；二是维持母猪体况和骨骼健康，避免母猪长速过快，导致体成熟而性不成熟；三是减少非生产天数。

母猪后备后期中初情期的营养管理尤为重要。研究显示，后备母猪初情日龄早于195d，其前3胎窝产总仔数分别为12.30头、12.13头和12.86头，高于初情日龄在195～225d、225～255d以及255～285d的母猪的总产仔数。初配前发情次数每增加1次，初配日龄提前约5d，这对缩短非生产天数、降低后备母猪饲养成本十分有利。此外，初配前有2次及以上情期的后备母猪前3胎窝产健仔数明显提高。因此，后备母猪的初情日龄应控制在195d前，初次配种日龄在225～285d，并经历2次及以上情期较为适宜。为了达到以上目标，这一阶段的目的主要是：促进母猪生殖系统进一步发育，为人工授精做好准备，调整背膘厚度，满足配种时需要，进一步强化骨骼和肢蹄健康。母猪后备后期营养需要推荐可参考表6-3。

表6-3　母猪后备后期营养需要量推荐

营养参数	营养水平
净能（kcal/kg）	2 350
SID Lys（%）	0.70
SID Met+Cys/SID Lys（%）	65
SID Thr/SID Lys（%）	70
SID Try/SID Lys（%）	19
SID Val/SID Lys（%）	70
SID Ile/SID Lys（%）	59
钙（%）	0.75
可消化磷（%）	0.32
钠（%）	0.25
铜（mg/kg）	20
锌（mg/kg）	60
铁（mg/kg）	100
锰（mg/kg）	45
硒（mg/kg）	0.3
碘（mg/kg）	0.4

营养参数	营养水平
维生素 A（IU/kg）	6 500
维生素 D（IU/kg）	1 500
维生素 E（IU/kg）	80
维生素 K（mg/kg）	4
硫胺素（mg/kg）	2
核黄素（mg/kg）	8
烟酸（mg/kg）	20
泛酸（mg/kg）	20
维生素 B_6（mg/kg）	4
生物素（mg/kg）	0.7
叶酸（mg/kg）	4.8
维生素 B_{12}（mg/kg）	0.04
胆碱（mg/kg）	750

注：本营养需要量主要针对瘦肉型后备母猪，0～225 日龄日增重为 660～700g，适用于长大或大长二元杂交后备母猪。

资料来源：四川农业大学和嘉吉动物营养，2019。

2. 性周期同步化的营养管理　性周期同步化是母猪批次化生产管理的基础，其可实现母猪同期发情并对猪群进行高效的分批管理，有助于营养水平调控和疫病防控。对后备母猪而言，通常会结合性激素使用和短期优饲来达到发情同步化。

性激素使用通常是给后备母猪饲喂烯丙孕素，以抑制 GnRH 脉冲，进而抑制促性腺激素包括 FSH 和 LH 的分泌，阻止卵泡发育和成熟，推迟卵泡期的启动。批次化生产时，待配后备母猪在 215～230 日龄、体重 115～125kg 时，统一饲喂烯丙孕素 14～18d，在饲喂烯丙孕素期间，采用常规饲粮进行饲喂，此阶段营养水平不宜过高，注意适宜的脂肪与淀粉比例。饲喂烯丙孕素结束后可进行短期优饲，即在配种前 10～14d 实行增量饲喂（或给予较高能量水平的日粮）。

（三）配种期的营养需要

母猪配种期的营养水平对母猪的排卵行为以及卵母细胞成熟度都有重要影响，对母猪受精后胚胎发育以及产仔数十分重要。因此，根据母猪配种期的生理规律给予母猪合理的营养，是提高母猪繁殖性能的重要手段。

1. 后备母猪配种期的营养管理　后备母猪在配种前应进行短期优饲，以刺激母猪胰岛素分泌，提高母猪血液中雌激素和促卵泡素的水平，增强母猪的发情表现，提高母猪的排卵数和受孕率，从而提高产仔率。优饲对后备母猪卵泡数量的影响可见图 6-5。

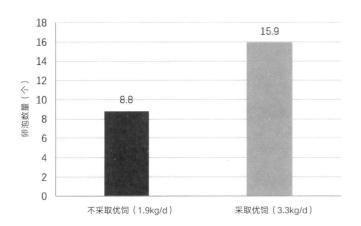

图 6-5　优饲对后备母猪排卵数的影响
（引自嘉吉动物营养，2019）

后备母猪配种期间饲料营养水平应高于后备期，以增加母猪排卵数，提高配种受胎率。为避免母猪体重升高对肢蹄造成不良影响，应在后备母猪配种期饲料中适宜增加矿物质元素钙、磷、锌、锰等（Farmer，2018）。进一步研究发现，配种前饲料中添加纤维素可以提高母猪卵母细胞质量，减少子宫内发育迟缓的并发症；当添加木质素纤维（占饲粮干物质的4.9%）可增加达到减数分裂 M2 的细胞数目；而添加甜菜渣（占干物质的 50%）则能够促进促黄体生成素脉冲发生更多转变，使达到减数分裂 M2 的卵母细胞数量增加，卵母细胞成熟率提高 10%。也有研究发现，配种前饲料中添加麦麸（占干物质的 5%）和羽扇豆（占饲粮干物质的 3.5%）能够提高后备母猪的卵母质量。不同纤维素对母猪繁殖的促进作用也不相同，可酌情在配种期饲料中添加适量纤维素。同时，短期优饲时添加葡萄糖或小分子糖，可提高血清中胰岛素样生长因子和性激素水平，有利于提高母猪的排卵数。综上所述，后备母猪配种期可通过增加饲喂量，强化矿物质元素和补充 200g/d 的葡萄糖和纤维素，以提高后备母猪的排卵数。

2. 经产母猪配种期的营养管理　经产母猪断奶后通常体重损失较大，对母猪进行优饲有助于增加母猪的排卵数，提高促卵泡素和促黄体生成素水平，从而提高卵子的质量和胚胎发育的均匀度。配种期间饲料中能量和蛋白质含量过高会导致受精和着床失败，故配种后 3d、8～25d 应禁止饲喂高能量饲料，适当补充青绿饲料和维生素。经产母猪配种期营养需要可参考表 6-4，同时根据不同个体体况进行分类饲喂，以使母猪尽可能达到适宜体重和背膘。

表 6-4　经产母猪配种期营养需要量推荐

营养参数	营养水平
净能（kcal/kg）	2 380
SID Lys（%）	0.6
SID Met+Cys/SID Lys（%）	60
SID Thr/SID Lys（%）	67
SID Try/SID Lys（%）	18
SID Val/SID Lys（%）	64
SID Ile/SID Lys（%）	59
钙（%）	0.65
可消化磷（%）	0.27
钠（%）	0.20
铜（mg/kg）	15
锌（mg/kg）	80
铁（mg/kg）	110
锰（mg/kg）	40
硒（mg/kg）	0.3
碘（mg/kg）	0.7
维生素 A（IU/kg）	7 000
维生素 D（IU/kg）	1 500
维生素 E（IU/kg）	80
维生素 K（mg/kg）	3
硫胺素（mg/kg）	1.5
核黄素（mg/kg）	6
烟酸（mg/kg）	40
泛酸（mg/kg）	20
维生素 B_6（mg/kg）	4
生物素（mg/kg）	0.65
叶酸（mg/kg）	2.5
维生素 B_{12}（mg/kg）	0.04
胆碱（mg/kg）	650

注：本营养需要量适用于长大或大长二元杂交母猪，产仔数为 13～14 头 / 窝。
资料来源：四川农业大学和嘉吉动物营养，2019。

生产上为了使用方便，通常采用哺乳母猪料作为断奶催情料使用，然而设计哺乳母猪料的目的是促进泌乳，而此阶段需要母猪快速停止泌乳，以帮助其下一情期的快速启动，因此不建议使用哺乳母猪料。实际生产中，母猪断奶后大多转到配种车间，为便于操作常使用妊娠料，可以在提供充足饲料的基础上，每天额外为母猪提供 200g 葡萄糖，促进母猪快速发情。

三、母猪后备期的饲喂管理

批次化生产中，后备猪群管理必须实施满足繁殖年龄、体重和脂肪目标的营养计划，以提高第 1 胎质量和终身繁殖力。如第一次配种时后备母猪体重较轻，则其第 2 胎的繁殖表现较差，但第一次配种时体重高于 170kg 的后备母猪更可能发生跛行，从而导致母猪第 2 胎前就因跛足而被淘汰。研究发现体重 145～160kg 的后备母猪终生总产仔数明显高于体重最轻（115～130kg）和最重（175～190kg）的母猪，但与体重 130～145kg 或 160～175kg 组无差异，所以在批次化生产中后备母猪群体，配种期体重的建议目标范围是 130～175kg。

母猪机体的脂肪水平可通过测定背膘厚来评判，背膘过薄或过厚都不利于母猪的繁殖性能，丹系大白猪背膘厚在 17mm 左右时总产仔数最高。不同品种母猪的初配理想背膘厚与猪的品种相关，主流猪种背膘厚在 18～20mm 能够达到较好的繁殖性能。

国际通用的背膘厚测定是采用 P2 点背膘厚，即最后一根肋骨连接处距背中线 6.5cm 处测定的背膘厚。目前常用的背膘厚评定方法为外貌评定法和仪器测定法。外貌评定法是从视觉上（主观上）根据母猪骨骼后位图进行母猪体况分析并打分，具体的评分标准参考图 6-6。仪器测定法采用 A 超、B 超和背膘卡尺，如图 6-7 所示。

母猪后备期的饲喂程序可参考表 6-5。后备母猪体重在 90kg 前使用后备母猪前期料并使其自由采食；90kg 之后使用后备母猪后期料，此时可适当进行限饲，目的是让后备母猪在 200～220 日龄达到 135kg，背膘厚达 14mm 以上，同时使后备母猪的胃肠道发育良好。在配种期应提高母猪自由采食度，以促进其排卵。

图 6-6 背膘评分
注：1 分，瘦；2 分，较瘦；3 分，适宜；4 分，较肥；5 分，肥

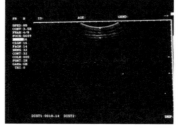

| A 超 | B 超 | 卡尺 |

图 6-7　背膘厚测定常用仪器

表 6-5　母猪后备阶段饲喂程序推荐

阶段	饲料选择	饲喂方法	目的
20～50kg	后备母猪前期料	自由采食	快速生长，促进骨骼发育，增加蛋白质沉积
50～90kg	后备母猪前期料	自由采食	促进骨骼发育，使性成熟和体成熟同步
90～115kg	后备母猪后期料	2.3～2.7kg/d	强健肢蹄，促进卵巢发育，保持理想背膘厚，使性成熟和体成熟同步
115kg 至性周期同步化	后备母猪后期料	2.8～3.2kg/d	强健肢蹄，促进卵巢发育，保持理想背膘厚
配种期	后备母猪后期料	自由采食	促进排卵

资料来源：四川农业大学和嘉吉动物营养，2020。

　　理论上，后备母猪应单独饲养，方便调整饲喂量和背膘厚，但实际生产中，后备母猪饲养通常在大栏中，每栏约有 6 头，这样很难做到精准饲喂，导致肥瘦不均，所以此阶段可通过添加适宜的纤维素以控制后备母猪的能量摄入和体况。

四、三元母猪后备期的营养需要与饲喂管理

（一）三元母猪后备期的营养需要

　　三元母猪的生长发育速度比二元或纯种母猪的生长发育速度快 10%～30%。在饲喂管理上，三元母猪在体重 60kg 以后必须限制其生长发育，日增重应控制在 600g/d，达到性成熟与体成熟的同步。三元母猪需严格控制体重增长，为此，要适当降低淀粉或脂肪等能量饲料的添加比例，适当优化蛋白质或氨基酸。能量要比本场二元后备母猪低 50kcal 左右，净能参考值为 2 300kcal，钙 0.85%～1.00%，可消化磷 0.30%～0.35%，标准回肠可消化赖氨酸（SID Lys）0.75%，推荐的营养参数见表 6-6。

表 6-6 三元后备母猪营养需要量推荐

营养参数	营养水平
净能 (kcal/kg)	2 300
SID Lys (%)	0.75
SID Met+Cys/SID Lys (%)	65
SID Thr/SID Lys (%)	70
SID Try/SID Lys (%)	19
SID Val/SID Lys (%)	70
SID Ile/SID Lys (%)	59
钙 (%)	0.80
可消化磷 (%)	0.32
钠 (%)	0.25
铜 (mg/kg)	20
锌 (mg/kg)	60
铁 (mg/kg)	100
锰 (mg/kg)	45
硒 (mg/kg)	0.3
碘 (mg/kg)	0.4
维生素 A (IU/kg)	6 500
维生素 D (IU/kg)	1 500
维生素 E (IU/kg)	100
维生素 K (mg/kg)	4
硫胺素 (mg/kg)	2
核黄素 (mg/kg)	8
烟酸 (mg/kg)	20
泛酸 (mg/kg)	20
维生素 B_6 (mg/kg)	4
生物素 (mg/kg)	0.7
叶酸 (mg/kg)	4.8
维生素 B_{12} (mg/kg)	0.04
胆碱 (mg/kg)	600

资料来源：四川农业大学和嘉吉动物营养，2019。

（二）三元母猪后备期的饲喂管理

三元母猪生长速度相对较快，留作后备母猪使用时，要注意根据其膘情调整饲喂量，防止过肥而影响发情、排卵，降低繁殖功能。根据生产经验，5 月龄前可以让其自由采食，5 月龄后要增加运动，6 ～ 7 月龄或体重 75kg 左右逐步限饲，将每头母猪的采食量控制在 2.2 ～ 2.5kg/d，到 7.5 ～ 8 月龄时，以背膘厚 14 ～ 16mm、体重 120 ～ 130kg 为最好。具体饲喂程序见表 6-7。

表 6-7　三元后备母猪饲喂程序

项目	阶段				配种期
	20～60kg	60～90kg	90～120kg	120kg至性周期同步化	
饲料种类	后备前期料	后备后期料	后备后期料	后备后期料	后备料
日采食量（kg）	自由采食	2.1～2.5	2.5～2.9	3.0～3.5	自由采食

第二节
母猪妊娠期的营养需要与饲喂管理

批次化生产中，妊娠母猪的营养与其胚胎发育、产仔数和母体自身的生长发育规律密切相关。因此，根据母体和胎儿的营养生理规律给予合理营养，是提高母猪繁殖成绩的重要保证。

一、妊娠期母猪和胎儿营养生理规律

（一）妊娠期母猪营养生理规律

妊娠期母猪机体发生的一系列生理变化，是对于胚胎营养、胎盘和胚胎本身所产生的各种影响的适应。母猪妊娠后，食欲增加，行动变得比较稳重、谨慎，排粪、排尿次数增加。这是因为随着胎儿的发育，子宫体积和重量都逐渐增加，挤压腹部的内脏向前方移动，如此引起消化、循环、呼吸和排泄等器官发生一系列变化。在母猪妊娠的中后期，呼吸表现为明显的胸式呼吸。呼吸运动变得浅而快，肺活量减少（苏振环，2004)。

母猪在妊娠期间，孕激素大量分泌，机体代谢活动加强，在整个妊娠期代谢率增加11%～16%，后期更高达30%～45%（吴秀友，2012）。妊娠期母猪新陈代谢的同化作用增强，异化作用则略有降低，这主要表现在母猪食欲旺盛，对饲料的消化能力和吸收能力提高（苏振环，2004）。在同等营养水平下，妊娠母猪比空怀母猪具有更强的沉积营养物质的能力，这种现象称为"孕期合成代谢"。随着胚胎发育，胎水增多，母猪体重增加（郭建凤，2017），妊娠母猪体重规律见图6-8。伴随妊娠进程，营养物质在子宫、胎儿和乳腺内的沉积逐渐增加，其间约有50%的蛋白质和50%以上的能量是在妊娠最后1/4时期沉积的，钙、磷的沉积率也以妊娠末期最高（魏彦明，2013）。

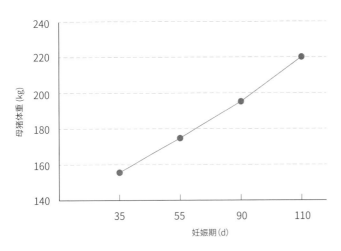

图 6-8 妊娠母猪体重规律
（引自杨震国，2016）

母猪乳腺的良好发育是其泌乳功能充分发挥的前提，而妊娠期是乳腺发育的关键时期。妊娠开始后，在 P4 和催乳素的作用下，母猪乳房逐渐变大，更加丰满。在妊娠早期阶段，乳房 DNA 含量和组织重量并没有不同，从组织形态学上看，母猪妊娠 45～75d，乳腺组织主由脂肪和基质组织组成，并含有少量细长的乳腺导管分支和小叶结构。乳腺组织生长的快速阶段大约出现在妊娠 75d，此期乳腺最显著的变化是小叶内腺泡数量增多，小叶体积增大。妊娠 75～105d，实质组织质量增加了 200% 以上，而实质脂肪减少了近 70%；实质外组织也增加了近 170%。妊娠 90～105d，与乳腺上皮功能分化相关的细胞器增加，并且腺泡中的分泌物大量积累，乳腺成分从高脂肪含量转变为高蛋白质含量（彭健，2019）。每个乳腺的生长速度因其所在位置的不同而不同，中乳腺（第 3、4、5 对乳腺）的组织质量最大，其次是前乳腺（第 1 和第 2 对乳腺），后乳腺（第 6、7、8 对乳腺））的生长速度最慢（Hurley，2019）。整个妊娠期乳腺组织蛋白质重量见图 6-9，其中在妊娠 75d 之后，乳腺组织蛋白增幅较大。

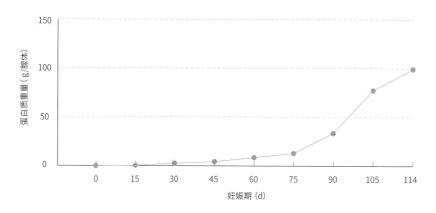

图 6-9　母猪妊娠期和乳腺蛋白质重量的关系
（引自 Ji 等，2006）

（二）妊娠期胎儿营养生理规律

妊娠期间，胎儿的生长发育可分为发育前期和发育后期，每个生长发育阶段具有不平衡性的特点（彭健，2019）。妊娠开始至妊娠 75d 为发育前期阶段，又称为胚胎形成期，此时主要形成胚胎的组织器官，胎儿本身绝对增重不大。母猪妊娠 30d 时，每个猪胚胎重平均只有 2g，约占初生重的 0.15%。妊娠 75d 至妊娠结束为发育后期阶段，此阶段胎儿增重加快，初生仔猪重量的 70%～80% 是在妊娠后期完成，并且胎盘、子宫及其内容物也在不断增长（苏振环，2004）。到了妊娠 80d 时，每个胎儿重约 400g，到分娩前胎儿重约 1kg，占初生重的 70% 以上，母猪妊娠天数与胎儿体重关系可见图 6-10。由此可见，母猪妊娠最后 30d 左右是胎儿初生重形成的关键时期。

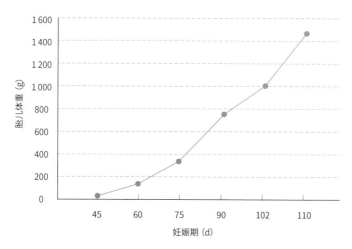

图 6-10　母猪妊娠期与胎儿体重关系
（引自苏振环，2004）

随着胎龄增加，胎儿所含的蛋白质、脂肪和灰分都逐渐增加。猪胎儿体组织沉积规律可见表6-8。

表6-8　猪不同妊娠期胎儿体组织重量及成分

项目	妊娠期（d）					
	45	60	75	90	102	110
重量（g）	17.27	114.49	288.35	631.15	864.92	1 258.8
粗灰分（%）	17.07	21.49	24.07	17.83	17.03	17.16
粗蛋白（%）	63.94	60.41	57.44	59.09	57.93	51.08
粗脂肪（%）	15.97	15.13	11.67	14.4	14.01	12.44

资料来源：王继华等，2014。

母猪妊娠期胎儿的矿物质沉积同样表现出阶段性和不平衡性。妊娠45～115d的过程中，胎儿体内常量和微量元素的累积呈曲线关系，50%的钙和磷是在妊娠后15d沉积（图6-11），其他元素的沉积规律也类似（Mahan等，2009）。胎儿矿物质总量的变化可近似表示骨骼系统的生长曲线。

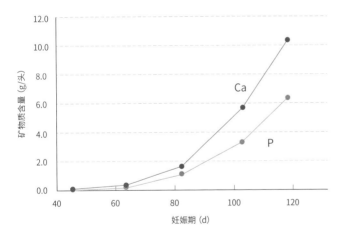

图6-11　母猪妊娠期与仔猪钙和磷的沉积规律
（引自 Mahan 等，2009）

二、母猪妊娠期营养需要

妊娠母猪的营养需要主要包括母体维持需要、妊娠内容物生长需要和母体增重需要。根据不同的生理阶段，通常将妊娠期分为妊娠早期、妊娠中期和妊娠后期，不同阶段其营养需求不同。初产母猪由于身体尚在发育，其在妊娠不同阶段的营养需要量与经产母猪存在差异。

（一）妊娠早期营养

妊娠早期（0～30d）是影响胚胎存活的关键时期。因此，这一时期的营养与饲喂管理目标是最大限度地提高胚胎存活率。一些较早的研究认为妊娠早期增加饲喂量降低了胚胎存活率（Jindal 等，1997），但更多的研究则认为妊娠早期饲喂量对胚胎存活率无影响（Hoving 等，2012），甚至可提高胚胎存活率（Amdi 等，2014）。然而近年来有研究发现，供应子宫的 P4 除了来自外周血液之外，还存在着卵巢通过反向转运和淋巴途径向子宫直接供应 P4 这一途径（Krzymowski 等，1990）。由于这种局部的 P4 供应是直接的，因而不受肝脏代谢的影响。配种后增加饲喂量降低外周 P4 水平，但同时也导致了卵巢 P4 的分泌以及直接向子宫供应的增加（Prime 等，1993）。外周 P4（分泌与清除过程同时存在）与卵巢局部供应（独立于肝脏代谢）二者之间的净效率，决定了子宫最终所能获得的 P4 水平，进而影响早期胚胎存活。

（二）妊娠中期营养

妊娠中期（29～90d）主要表现为胎儿肌纤维和母猪乳腺发育。胎儿的初级肌纤维从妊娠 35d 开始发育，持续到妊娠 55d，此后次级肌纤维开始发育，至妊娠 90～95d 时胎儿肌纤维的数量基本确定（Foxcroft 等，2006）。由于初级肌纤维的发育不易受到环境因素和母体营养的影响，近年来许多研究者试图通过在妊娠中期即次级肌纤维发育期（50～90d）增加母猪饲喂量来提高仔猪初生重，进而改善其生后性能，然而多数研究未能获得预期的改善作用（Amdi 等，2014）。母猪妊娠中期，乳腺组织有少量细长的乳腺导管分支和小叶结构，并于妊娠 75d 开始快速生长发育。由于妊娠中期胎儿损失的发生概率相对较小，这一时期根据母猪的体况适当调整饲喂量，以促进胎儿和乳腺的正常发育，保证分娩时的适宜体况。

（三）妊娠后期营养

妊娠后期（91d 至分娩）母猪体重增加，胎儿和乳腺发育加速，这一时期母猪的能量需要较前、中期有所增加。在生产实践中，往往会适当增加这一阶段妊娠母猪的饲喂量。但应当指出的是，对于妊娠后期增加母猪饲喂量的目的，不应该简单地局限于试图改善仔猪初生重（实际上这种改善幅度是相当有限的），而更应着眼于满足妊娠后期母猪逐渐增加的能量需要，减少低初生重仔猪的比例，提高仔猪活力，保证母猪适宜分娩体况和利用年限。对于增加饲喂量的开始时间，美国和欧洲存在一定的差异。美国推荐从妊娠 90d 开始增加妊娠母猪饲喂量，而欧洲则一般建议从妊娠 85d 开始增加饲喂量。前者更多考虑的是避开妊娠母猪乳腺发育关键期（75～90d），后者则更多地从胎儿的发育规律角度考虑（胎儿从妊娠 70d 开始快速生长）。本书推荐的母猪妊娠期营养需要量见表 6-9。

表 6-9　母猪妊娠期营养需要量推荐

营养参数	营养水平
净能（kcal/kg）	2 300
SID Lys（%）	0.6
SID Met+Cys/SID Lys（%）	60
SID Thr/SID Lys（%）	67
SID Try/SID Lys（%）	18
SID Val/SID Lys（%）	64
SID Ile/SID Lys（%）	59
钙（%）	0.70
可消化磷（%）	0.30
钠（%）	0.20
铜（mg/kg）	15
锌（mg/kg）	80
铁（mg/kg）	110
锰（mg/kg）	50
硒（mg/kg）	0.3
碘（mg/kg）	0.7
维生素 A（IU/kg）	11 000
维生素 D（IU/kg）	1 500
维生素 E（IU/kg）	60
维生素 K（mg/kg）	3
硫胺素（mg/kg）	1.5
核黄素（mg/kg）	6.0
烟酸（mg/kg）	40
泛酸（mg/kg）	20
维生素 B_6（mg/kg）	4
生物素（mg/kg）	0.65
叶酸（mg/kg）	2.5
维生素 B_{12}（mg/kg）	0.04
胆碱（mg/kg）	650
粗纤维（%）	7

注：本营养需要量适用于长大或大长二元杂交母猪，产仔数为 13～14 头 / 窝。
资料来源：四川农业大学和嘉吉动物营养，2019。

（四）母猪妊娠期纤维营养

近年来，纤维（包含纤维素、半纤维素和木质素）在妊娠母猪饲料中的应用正引起越来越多的关注。在现代养猪体系中，妊娠母猪利用饲料纤维的能力最强。由于纤维的能量含量较低，使得妊娠母猪可以摄入相对大量的含纤维饲料而不至于显著增加其能量摄入量，从而控制其体增重（Noblet 等，1993）。在限制饲喂的情况下，饲料纤维可增强妊娠母猪饱腹感，作为一种通便的成分缓解妊娠母猪便秘，减少母猪刻板行为和攻击行为，使猪群更为安静，从而改善母猪福利。提高妊娠饲料纤维水平可增加母猪泌乳期采食量，这种效应可能是通过增加母猪胃肠道容积或缓解泌乳母猪胰岛素抵抗来实现的（Quesnel 等，2009）。此外，饲料纤维可缩短母猪产程，改善后肠道健康和微生物区系（Haenen 等，2013）。有关饲料纤维对妊娠母猪繁殖性能的研究很多，但结论不尽一致。总的来说，在等能量的条件下，饲料纤维不会对妊娠母猪繁殖性能产生明显的有利或不利的影响。但需要指出的是，饲料纤维对妊娠母猪的作用效果取决于许多因素，如纤维本身（纤维来源、添加水平、理化特性）、环境条件（单饲或群养、传统环境或新型环境、饲喂策略）和母猪个体因素（胎次、体重、品种等）（Meunier-Salaün，2015）。

在妊娠母猪饲料的能量水平上，美国与欧洲差异较大。在美国，原料资源丰富，能量原料（玉米、干酒糟及其可溶物、豆油）的价格一般比较低廉，妊娠母猪饲料代谢能（ME）设计水平普遍较高（ME：3300kcal/kg），饲料粗纤维（CF）水平较低（CF：2%～4%）；而大多数欧盟成员国国土面积有限，人均资源拥有量较少，因而其成本、动物福利和环保的意识相对较强。以法国、荷兰和丹麦这三个养猪业较为发达的欧盟成员国为例，其妊娠母猪饲料的 ME 一般在 2 900–3 000kcal/kg（Vadmand 等，2015），饲料 CF 水平相对较高（6%～8%）。在荷兰，许多母猪在妊娠后期还会接受一种"福利饲料"，其 CF 高达 14%，非淀粉多糖（NSP）含量达 34%。我国的实际情况更接近欧盟，地少、人多，部分原料资源严重依赖进口，且能量原料价格较高，高能量妊娠母猪饲料经济性较差。因此，综合饲料成本、母猪性能、动物福利和环境压力几个因素，建议国内妊娠母猪饲粮 CF 水平保持在 6%～8%。

由于不同饲料原料中纤维组成差异较大，进而对妊娠母猪的繁殖可能产生不同的影响。Darroch 等（2008）将 194 头妊娠母猪分为三个处理组，分别饲喂对照组饲料、含 0.30% 车前草的饲料以及含 20% 大豆壳的饲料，并通过调整采食量保证三个处理组每天摄入的养分含量一致，结果发现采食车前草的母猪断奶窝重有低于对照组的趋势。颜川（2016）分别用含甜菜渣、豆皮和麸皮的饲料饲喂经产母猪，并保证各饲料中性洗涤纤维水平以及每日摄入的营养水平一致，结果表明，玉米 - 豆粕型日粮中用甜菜渣作为饲料主要纤维来源时，总产仔数比大豆皮多 1.1 头，同时活产仔数有增加的趋势，且甜菜渣组弱仔数较大豆皮组有提高的趋势。这表明纤维类型会显著影响母猪的繁殖性能，究其原因可能是由于不同的纤维原料中可溶性纤维（SF）和不可溶性纤维（ISF）的含量不同。Renteria-Flores 等（2008）考察了可溶性纤维和不可溶性纤维对胚胎存活和母猪繁殖性能的影响，结果发现饲料中过高的 ISF 会降低母猪胚胎存活率。很多研究中，在提高纤维水平的同时会加入两种或三种纤维原料，以同时提高可溶性纤维和不可溶性纤维的水平（Guillemet 等，2007）。Li 等（2019）

通过饲喂妊娠母猪不同比例的不可溶性纤维／可溶性纤维的饲料，结果发现初产母猪妊娠饲料适宜的 ISF/SF 比例为 3.89，第 2～4 胎母猪妊娠饲料适宜的 ISF/SF 比例为 5.59。为此，生产上在关注母猪纤维水平的同时应该关注纤维来源。

三、母猪妊娠期的饲喂管理

在制定营养参数后，根据妊娠母猪的实际情况，制定饲喂方案，以最终实现母猪的精准营养，充分发挥母猪繁殖潜力，使养殖场母猪繁殖效率最大化，保证养殖场的最大经济效益。

（一）饲喂程序

妊娠期母猪饲喂程序可以为实现母猪高效繁殖提供保障。目前，饲喂程序主要分为"步步高"和"高低高"两种。通常对于初产母猪推荐"步步高"饲喂程序，对于经产母猪推荐"高低高"饲喂程序，具体见图 6-12 和图 6-13。

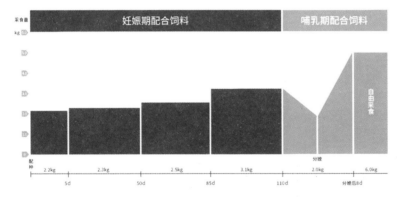

图 6-12　初产母猪"步步高"标准饲喂程序
注：此饲喂程序适合长大或大长二元杂交初产母猪，初产母猪配种前达到适配日龄、体重和背膘厚是此程序的前提条件

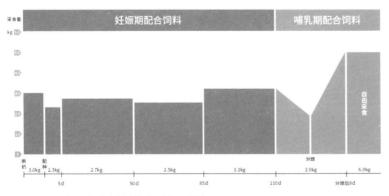

图 6-13　经产母猪"高低高"标准饲喂程序

实际应用中，根据母猪的体况制定饲喂程序。通常配种后 2d 至妊娠中期，对母猪进行体况评分，调整饲喂量尽早达到体况评分 3～3.5 分，并保持该体况。妊娠后期 2～3 周（90～120d）由于胎儿快速增长的需要，每天适当增加饲料量，根据仔猪出生重决定当前的饲喂水平。

（二）背膘管理

后备母猪和经产母猪由于生理特点的差异，因此在背膘管理上各有不同。通常在断奶和妊娠 0d、30d、60d、90d 时执行背膘评估，根据母猪体况评估结果，调整相应母猪的采食量。有条件的猪场也可以实行自动称重，根据母猪体重、妊娠总增重，调整营养参数和饲喂程序。

对于后备母猪妊娠期的背膘管理推荐如下（评判标准见图 6-14）：妊娠早期（0～30d），理想的体况评分为 3.0～3.5 分；妊娠中期（31～90d），保持体况评分为 3.5 分；妊娠最后 3 周（90d 至分娩），增加饲喂使体况评分为 4～4.5 分。30d 内没有配种的后备母猪，仍需要保持体况评分为 3.5 分。

  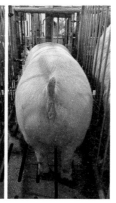

偏瘦
体况评分小于 2.5 分
每天饲喂 3kg 直至
理想体况

理想
体况评分 2.5～3.5 分
每天饲喂 2.2kg

偏肥
体况评分大于 3.5 分
每天饲喂 1.8kg

图 6-14　母猪体况评判标准

经产母猪妊娠期的背膘管理推荐如下：妊娠早期（0～30d）；理想的体况评分为 3.5 分；妊娠中期（30～90d），保持体况评分为 3.5 分；妊娠最后 3 周（90 至分娩），增加饲喂使体况评分至 4 分。30d 内没有配种的经产母猪，仍需要保持体况评分为 3.5 分。

对于分娩时最佳 P2 背膘厚究竟是 16～18mm 还是 18～20mm 仍存在争议，但比较一致的看法是，分娩时母猪过肥（背膘厚 >24mm）或过瘦（背膘厚 <15mm) 都将降低其繁殖性能，生产实践中应尽量避免这两种情况的发生，具体可参考表 6-10。

表 6-10　母猪体况管理检查要点

注意点	标准	备注
第一次配种时的日龄和体重	230～240d、130～140kg	新美系种猪要求体重达 140kg 以上
配种时的背膘厚（第 1 胎）	13～15mm	背膘过薄易缩短母猪的使用年限
分娩时的背膘厚（第 1 胎）	18～20mm	背膘过薄易产生二胎综合征
泌乳时背膘厚的减少（第 1 胎）	＜4mm	背膘厚减少过多易产生二胎综合征
配种时的背膘厚（第 2 胎）	13～15mm	背膘过薄易造成断奶时淘汰率大幅度增加
分娩时的背膘厚（第 2 胎后）	17～19mm	背膘过厚易降低泌乳期采食量
泌乳时的背膘厚减少（第 2 胎后）	＜4mm	背膘厚减少过多易造成断奶后发情推迟和排卵数减少

四、三元母猪妊娠期的饲喂管理

非洲猪瘟疫情影响下，能繁母猪短缺，为了恢复生猪生产，许多商品三元母猪被留作种用。但由于三元母猪属于商品猪，其生理特性不适宜种用，如何实现三元母猪种用价值最大化，提高商品猪养殖效益，必须在各个环节全面加强精细化管理（杜华等，2019）。

三元母猪妊娠前期的饲养目标是提高受胎率和胚胎成活率，防止早期流产以及调整母猪体况（刘国信，2021）。配种后应将三元母猪放置于单体栏内单独饲养，避免互相打斗引起流产，应定时、限量饲喂，严格控制采食量，保证母猪理想体况，避免母猪过度摄入营养而导致 P4 分泌减少，引起早期胚胎死亡。妊娠中期的饲养目标是满足胎儿正常发育与母猪自身代谢对营养的需要，根据母猪体况和膘情灵活调整饲喂量。在妊娠 70d 后是母猪乳腺发育的关键时期，过度饲喂会增加乳腺组织脂肪的过多沉积而导致泌乳期采食量降低，泌乳不足。妊娠后期由于胎儿生长迅速，因此该阶段母猪对氨基酸、能量、维生素、钙、磷、铁等营养需求非常高，饲料中必须保持较高的营养水平，否则容易引起母猪瘫痪、仔猪弱小。在此期间，应提高饲喂量，以满足仔猪快速生长的需要（谢建安等，2019）。

总的来说，由于商品三元母猪容易长膘，所以妊娠阶段应适当提高饲料粗纤维水平，延长母猪饱腹感的时间来缓解其因为限饲导致的饥饿应激，同时充分锻炼肠道的发酵功能为哺乳期的高采食量做准备。建议净能参考值为 2 300kcal/kg。同时，需要适当增加维生素和钙的供给。维生素对保证胚胎存活和正常发育、提高窝产仔数以及减少繁殖应激有很大的帮助；钙作为肌肉收缩的启动子，补钙有利于提高子宫收缩的力量，同时母猪分娩过程也会消耗大量的钙，补钙有利于避免母猪产后瘫痪。另外，在营养调控方面，还应注意提高妊娠母猪的免疫机能，增强其抗病力，不仅有利于胎儿的发育，更有利于延长母猪的使用寿命，降低淘汰率。三元母猪妊娠期推荐的营养参数见表 6-11。

表 6-11 三元母猪妊娠期营养需要量推荐

营养参数	营养水平
净能（kcal/kg）	2 300
SID Lys（%）	0.6
SID Met+Cys/SID Lys（%）	60
SID Thr/SID Lys（%）	67
SID Try/SID Lys（%）	18
SID Val/SID Lys（%）	64
SID Ile/SID Lys（%）	59
钙（%）	0.75
可消化磷（%）	0.32
钠（%）	0.2
铜（mg/kg）	15
锌（mg/kg）	90
铁（mg/kg）	110
锰（mg/kg）	50
硒（mg/kg）	0.3
碘（mg/kg）	0.2
维生素A（IU/kg）	8 000
维生素D（IU/kg）	1 500
维生素E（IU/kg）	80
维生素K（mg/kg）	3
硫胺素（mg/kg）	1.5
核黄素（mg/kg）	6
烟酸（mg/kg）	40
泛酸（mg/kg）	20
维生素B_6（mg/kg）	4
生物素（mg/kg）	0.7
叶酸（mg/kg）	5
维生素B_{12}（mg/kg）	0.04
胆碱（mg/kg）	700
粗纤维（mg/kg）	7

注：本营养需要量适用于杜长大或杜大长三元杂交母猪。
资料来源：四川农业大学和嘉吉动物营养，2019。

三元母猪的饲喂程序根据猪的遗传潜力、胎次和饲养环境不同而有所差异，通常结合背膘厚确定饲喂量，具体可参考第二节图 6-12 和图 6-13。妊娠期母猪体况管理可参考表 6-12。

表 6-12　母猪体况管理——不同阶段背膘厚和推荐饲喂量

背膘厚（mm）	10	11	12	13	14	15	16	17	18	19	20
妊娠 7～50d 饲喂量（kg/d）	3.3	3.2	3.1	2.9	2.7	2.6	2.4	2.3	2.2	2.1	2
妊娠 51～84d 饲喂量（kg/d）						2.5	2.4	2.3	2.2	2.2	2.2
妊娠 84d 至上产床 饲喂量（kg/d）						3.5	3.4	3.3	3.2	3.1	3.1

注：可根据猪场内的数据积累，根据背膘厚和相关生产性能的关系，制作适合本场的饲喂量表。

第三节
母猪哺乳期的营养需要与饲喂管理

批次化生产中，母猪泌乳期的采食量以及养分摄入对乳汁分泌、仔猪断奶重、母猪体况损失以及随后的发情等具有重要影响。因此，根据母猪哺乳期的体重变化规律以及泌乳规律给予合理营养，是提高母猪泌乳力，增加仔猪断奶重的重要保障。

一、母猪哺乳期的营养生理规律

（一）体重变化规律

经产母猪妊娠期大约比妊娠前体重增加 30%，青年初产母猪大约增重 40%；而在哺乳期随着泌乳量的增加，所增加的体重逐步下降，到哺乳期结束时，哺乳母猪体重减轻约为产后体重的 7%～15%（Wealleans 等，2015）。由表 6-13 可知，经产母猪在妊娠期增重 40.4kg，初产母猪增重 42.8kg；而在哺乳期，前者减重 31.5kg，后者减重 25.3kg，到断奶时，前者和后者体重分别降到 192.5kg 和 135.9kg。哺乳母猪体重变化的理想模式是妊娠期的增重与哺乳期的体重下降基本能达到平衡。如果哺乳期体重下降过大，会影响断奶后母猪的正常发情配种和下一胎的产仔成绩（周改玲等，2017）。

表 6-13 哺乳母猪体重变化

项目	在正常营养条件下体重变化情况（平均值）	
	经产母猪	初产母猪
测定头数	445	248
配种前体重（kg）	183.7	118.4
分娩前体重（kg）	224.1	161.2
分娩失重（kg）	17.1	12.5
哺乳失重（kg）	14.4	12.8
断奶时体重（kg）	192.5	135.9

资料来源：周改玲等，2017。

（二）乳腺发育规律

乳腺于哺乳期仍在继续发育。随着泌乳天数的推移，乳腺重量、DNA 含量、粗蛋白含量以及横截面积持续扩增，粗脂肪的含量却不断降低。哺乳期乳腺的重量从哺乳期 5d 的381g 增加到 21d 的 593g（增加 56%），乳腺组织 DNA 含量也显著增加。哺乳期间的乳腺发育程度取决于泌乳需求的程度，也称为哺乳强度，这种强度受吮吸的频率、哺乳期仔猪的数量和体重，以及对乳房刺激的反应所释放的激素等因素决定（Hurley，2019）。

（三）母猪泌乳规律

乳腺作为泌乳的重要器官，为仔猪生长提供了主要的能量和营养来源。从母猪分娩开始到仔猪断奶结束，泌乳过程主要经历泌乳启动和泌乳维持两个重要阶段。

1. 泌乳启动 是指乳腺由非泌乳状态向泌乳状态转变的功能性变化过程，即乳腺上皮细胞由未分泌状态转变为分泌状态所经历的一系列细胞学变化过程（彭健，2019）。泌乳启动分为两个阶段：第一阶段发生在母猪妊娠后期，乳腺开始少量分泌乳汁的特有成分，如酪蛋白和乳糖；第二阶段是指伴随着分娩的发生，乳腺大量分泌乳汁的起始阶段。

2. 泌乳维持 泌乳一旦开始，乳腺就能持续在一段时间内进行泌乳活动，即泌乳维持。直至断奶后，乳腺便开始逐渐退化、萎缩。当活化的乳腺分泌细胞退化之后，泌乳结束，整个泌乳周期可以保持 10～12 周。在泌乳维持阶段，乳腺细胞数量和产乳量的变化受激素和神经反射的调节，同时相对稳定的环境、仔猪有规律的吮吸动作、乳腺的排空、母猪充足的营养供应和适宜的管理对泌乳维持也是必需的。

一般认为，幼畜吮吸乳头时，从乳腺传来的神经冲动首先到达母畜脑部，随即兴奋下丘脑的相关中枢，解除相关中枢对腺垂体的抑制作用使催乳素释放增加，从而调节乳汁的生成。通常每头母猪平均每天泌乳 8～12kg，哺乳期总泌乳量为 300～400kg，泌乳量在分娩后第 3 周达到最高峰（迁斌等，2021）。哺乳母猪泌乳量变化见图 6-15。

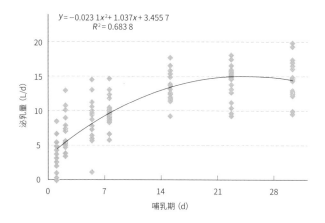

图 6-15　哺乳母猪泌乳量变化
（引自 Craig 等，2017）

根据乳汁的形成时间，将母猪分娩后 48h 内产生的乳汁称为初乳，产后 3d 之后的乳汁称为常乳。初乳在过渡为常乳的过程中水分、蛋白质、脂肪、干物质和乳糖均发生了变化（图 6-16）。初乳对仔猪来说十分重要，因为初乳中含有大量来自母体的免疫球蛋白，这是初生仔猪获得被

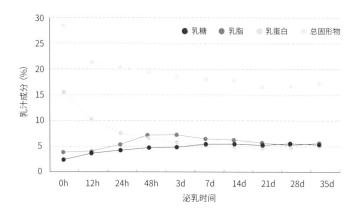

图 6-16　母猪乳汁成分随时间的变化
（引自迁斌等，2021）

动免疫的唯一途径，能够帮助抵抗病原，提高仔猪存活率。此外，初乳的能量水平高于常乳，可以为仔猪提供能量，帮助仔猪恢复体温。

二、母猪哺乳期营养需要

哺乳期营养尤其是能量和氨基酸摄入量不足都会引起母猪泌乳量下降，影响其繁殖性能。赖氨酸是猪的第一限制性氨基酸，增加高产母猪赖氨酸摄入量可使断奶仔猪窝增重提高，母猪体重损失减少。哺乳母猪对氨基酸的需要量主要取决于产乳量和仔猪相应的生长情况。哺乳期母猪需要足够的氨基酸来支持产乳量（表6-14）。此外，母乳提供的氨基酸对仔猪的生长发育、免疫和健康等方面都有重要作用。当饲料中营养物质含量受到限制，母猪的体脂肪和体蛋白质就会被动员用于乳汁合成，过度动员对母猪断奶后的生产性能有负面影响。

表 6-14　哺乳母猪营养需要量推荐

营养参数	营养水平
净能（kcal/kg）	2 550
SID Lys（%）	0.95
SID Met+Cys/SID Lys（%）	56
SID Thr/SID Lys（%）	63
SID Try/SID Lys（%）	19
SID Val/SID Lys（%）	78
SID Ile/SID Lys（%）	56
钙（%）	0.90
可消化磷（%）	0.35
钠（%）	0.20
铜（mg/kg）	15
锌（mg/kg）	80
铁（mg/kg）	110
锰（mg/kg）	50
硒（mg/kg）	0.3
碘（mg/kg）	0.7
维生素 A（IU/kg）	7 000
维生素 D（IU/kg）	1 500
维生素 E（IU/kg）	60
维生素 K（mg/kg）	3

营养参数	营养水平
硫胺素（mg/kg）	1.5
核黄素（mg/kg）	6.0
烟酸（mg/kg）	40
泛酸（mg/kg）	20
维生素 B_6（mg/kg）	4.0
生物素（mg/kg）	0.65
叶酸（mg/kg）	2.5
维生素 B_{12}（mg/kg）	0.04
胆碱（mg/kg）	700

注：本营养需要量适用于长大或大长二元杂交母猪，产仔数为 13～14 头/窝。
资料来源：四川农业大学和嘉吉动物营养，2019。

经产母猪断奶后通常体重损失较大，不同个体可能呈现不同的体重和背膘厚变化。为了提高母猪的发情率和排卵率，应根据母猪的体况进行分类饲喂，以期母猪尽可能达到适宜体重和背膘厚。断奶至配种期间，对母猪进行优饲有助于增加母猪的排卵数，提高促卵泡素和促黄体生成素水平，从而提高卵子的质量和胚胎发育的均匀度（表 6-15）。

表 6-15　断奶配种期母猪营养需要量推荐

营养参数	营养水平
净能（kcal/kg）	2 380
SID Lys（%）	0.6
SID Met+Cys/SID Lys（%）	60
SID Thr/SID Lys（%）	67
SID Try/SID Lys（%）	18
SID Val/SID Lys（%）	64
SID Ile/SID Lys（%）	59
钙（%）	0.65
可消化磷（%）	0.27
钠（%）	0.20
铜（mg/kg）	15
锌（mg/kg）	80
铁（mg/kg）	110
锰（mg/kg）	40

营养参数	营养水平
硒（mg/kg）	0.3
碘（mg/kg）	0.7
维生素 A（IU/kg）	7 000
维生素 D（IU/kg）	1 500
维生素 E（IU/kg）	80
维生素 K（mg/kg）	3
硫胺素（mg/kg）	1.5
核黄素（mg/kg）	6
烟酸（mg/kg）	40
泛酸（mg/kg）	20
维生素 B_6（mg/kg）	4
生物素（mg/kg）	0.65
叶酸（mg/kg）	2.5
维生素 B_{12}（mg/kg）	0.04
胆碱（mg/kg）	650

注：本营养需要量适用于长大或大长二元杂交母猪，产仔数为 13～14 头／窝。
资料来源：四川农业大学和嘉吉动物营养，2019。

三、母猪哺乳期的饲喂管理

（一）母猪哺乳期采食量和饮水管理

采用适宜的饲喂程序并维持良好的体况是让母猪达到高水平生产性能的关键。哺乳期饲喂管理更是推动整个养殖场生产的关键所在。母猪断奶后发情以及下一窝的窝产仔数都取决于母猪在哺乳期的采食量。当一个猪场的哺乳母猪拥有良好的日采食量时，预示母猪有良好的哺乳性能。

1. 分娩前饲喂　从妊娠 112d 到分娩，每天减少饲喂量 0.25kg，一直减到 2kg/d 为止，若母猪在预产期当天不分娩，按 2kg/d 饲喂，直到分娩。饲喂量过低会引起母猪的能量负平衡，进而导致母猪掉膘，因为接近分娩前的几天里，母猪就已经开始分娩乳汁。

2. 分娩后饲喂　分娩当天可以不给饲料，食欲较好的母猪分娩当天可以保持 2kg/d 的饲喂量，分娩后前 3d 开始每天增加 0.5kg，第 4 天开始每天增加 0.5～1.0kg，力争所有母猪产后第 6 天能达到 6kg 以上的采食量。分娩后加量饲喂不能过快，否则会导致母猪乳汁组成变化，如乳脂含量增加，引起小猪出现脂肪性腹泻，同时会导致母猪最高采食量降低。但是分娩后加量过慢会导致母猪体能恢复慢，母猪乳腺后期发育不良，影响母乳性能；进而导致小猪出生 7d 内吃奶量不足、消瘦、活力差、压死概率增加。

通常母猪最大采食量每天可达 7 ~ 14kg。年轻的哺乳母猪采食量会低于年龄较大的哺乳母猪。提高母猪泌乳力关键是保证母猪从分娩 1 周到断奶期间，获取足够的饲料以达到最大采食量（哺乳期平均采食量≈母猪体重 ×1%+ 仔猪数 ×0.5kg）。通常母猪哺乳期 21d 平均每天采食量为：初产母猪 ≥ 6.0kg/d，经产母猪 ≥ 6.5kg/d。每次喂料后根据母猪的采食情况必须及时调整饲喂量，有余料则需要及时清理，保证饲料新鲜，无发霉变质。母猪哺乳期通常采用少量多次的饲喂方式，以确保饲料的新鲜度，特别是在炎热的夏季，可以在晚上饲喂1 次，每天推荐饲喂 3 ~ 5 次。如果在两次饲喂之间无余料，表明母猪上次采食不够，或者需要增加饲喂次数。出现采食量下降或者不愿意采食的母猪，需要检查母猪是否生病，必要时进行治疗。

3. 饮水管理　母猪的采食量与饮水量直接相关，因此每头母猪应独立配备饮水器，确保每个饮水器每分钟提供 2 ~ 3L 饮水。饮水器高度在 60 ~ 80cm，让母猪能够舒适地饮水。每批母猪进入产房前，对每个饮水器都要逐个检查，确保产房的每个饮水器供水正常。在打扫产房时，至少检查产房中 2 个饮水器的水流量。任何时候发现母猪不采食，应该首先检查饮水器供水是否正常。

（二）哺乳母猪背膘管理

研究表明，母猪在妊娠 108d 至分娩当天已经消耗了 1mm 背膘厚用于胎儿生长和预备产奶，哺乳期间背膘损失过多对母猪哺乳期死亡率、断奶再发情间隔、下一胎排卵数和产子数、母猪使用寿命等生产指标均有不利影响。

头胎母猪分娩前背膘厚不低于 16mm，分娩后背膘厚不低于 15mm，经产母猪分娩前背膘厚不低于 17mm，分娩后背膘厚不低于 14mm，哺乳期间母猪理想背膘厚损失为3 ~ 4mm，即哺乳母猪断奶背膘厚不低于 13mm。运用背膘仪科学地测定每批次母猪分娩和断奶背膘厚，根据哺乳期背膘损失管理和采食量最大化方案，提升猪场管理水平，增加养殖效益。

四、三元母猪哺乳期的营养需要

三元母猪繁殖性能、哺乳能力远低于二元母猪，在哺乳阶段表现在泌乳力低、仔猪死亡率高、抗病力低且肢蹄问题多等方面。三元母猪作为种用时，可通过适宜的营养方案和饲喂管理技术以控制哺乳母猪失重，提高泌乳力，最大限度地提高猪场繁殖效率及综合成绩。在此过程中，哺乳母猪的采食量、乳汁的质量十分关键，直接决定仔猪断奶重和随后的生产成绩，具体营养需要量推荐见表 6-16。建议母猪哺乳期间采食量最大化，主要对氨基酸、微量元素和维生素进行强化，尽可能减小三元母猪泌乳力低、抗病力低和肢蹄问题等的影响。

表 6-16　三元母猪哺乳期营养需要量推荐

营养参数	营养水平
仔猪净能（kcal/kg）	2 550
SID Lys（%）	0.95
SID Met+Cys/SID Lys（%）	56
SID Thr/SID Lys（%）	70
SID Try/SID Lys（%）	20
SID Val/SID Lys（%）	100
SID Ile/SID Lys（%）	56
钙（%）	0.90
可消化磷（%）	0.35
钠（%）	0.20
铜（mg/kg）	20
锌（mg/kg）	90
铁（mg/kg）	110
锰（mg/kg）	50
硒（mg/kg）	0.4
碘（mg/kg）	0.3
维生素 A（IU/kg）	7 000
维生素 D（IU/kg）	1 500
维生素 E（IU/kg）	150
维生素 K（mg/kg）	3
硫胺素（mg/kg）	1.5
核黄素（mg/kg）	6.0
烟酸（mg/kg）	40
泛酸（mg/kg）	20
维生素 B_6（mg/kg）	4.0
生物素（mg/kg）	1.00
叶酸（mg/kg）	6.0
维生素 B_{12}（mg/kg）	0.04
胆碱（mg/kg）	1 000
维生素 C（mg/kg）	100

注：本营养需要量适用于杜长大或杜大长三元杂交母猪。

资料来源：四川农业大学和嘉吉动物营养，2019。

第七章
母猪批次化生产内部生物安全管理

　　生物安全是指生猪养殖过程中，为阻断或防止病原体侵入、侵袭猪群，保障猪群健康而采取的一系列预防和控制疫病的综合管理措施。提高生物安全是猪场疫病预防和控制的前提，也是最有效、成本最低的管理措施。生物安全通常包括外部生物安全和内部生物安全，外部生物安全指通过一系列方法来阻断外界疫病传入猪场内部，重点是防止病原微生物通过可能的载体传入猪场内；内部生物安全则主要是控制场内病原在猪群间的交叉传播。采用批次化生产便于执行全进全出的生产管理模式，更有利于猪场内部生物安全管理的提升（李俊杰等，2018）。与传统的连续生产模式相比，精准式母猪批次化生产因具有更高的生物安全水平、能提升母猪利用率和产能等优势，受到更多养猪场的肯定与应用。本章主要介绍精准式母猪批次化生产模式下猪场生物安全防控措施，以期为提升猪场生物安全水平提供借鉴，为实现无抗生素养殖打下良好的基础。

批次化生产对猪场健康管理的影响

批次化生产实现了同批母猪同期发情、同期配种、同期分娩与同期出栏，使猪场实现了真正意义上的全进全出，对猪场健康管理意义重大。主要体现在可有效控制疫病传染源、有效切断病原传播途径、有利于提升猪的免疫效果、可降低车辆运输与人员接触带来的疫病感染风险。

一、批次化生产可有效控制疫病传染源

批次化生产的突出特点是按计划组织生产，猪场有固定的周期性空栏时间，便于圈舍和设备彻底清洗、消毒和干燥，以消灭传染源，极大地减少疫病在不同猪群间交叉感染的风险。通常情况下，清洗可消除绝大部分病原体，减少上一批猪群遗留的病原微生物；猪舍消毒一般包括带猪消毒、空栏消毒等方式，批次化管理后的空栏消毒，可实现相对彻底地杀灭和抑制病原体；空栏干燥可以导致细菌或病毒慢慢脱水而自然死亡，起到进一步消杀的作用。研究表明，批次化生产可快速实现种猪场伪狂犬病的净化。

二、批次化生产可有效切断病原传播途径

批次化生产突出的优势是可实现猪群的全进全出，与连续生产方式不同，批次化生产人为地将母猪分成不同批次，在较短时间内集中配种、分娩和断奶，减少猪群交叉流动和混群，意味着转栏、运输次数的减少。传统的连续式生产一般3～4d需要进行一次转群，21d约需要转群6次，但实行3周批批次化生产的猪场21d只需要转群一次。转群次数的减少显著提升了猪场生物安全。赵洋等（2019）研究表明，3周批猪场非洲猪瘟感染概率大幅降低，仅相当于传统连续生产方式的1/3。按批次化生产新理念，配怀舍和产房的单元化设计，可以做到批次之间母猪的隔离，更有利于切断病原传播途径。

三、批次化生产有利于提升猪的免疫效果

在传统连续生产方式下，母猪通过自然发情配种，配种时间分散，意味着母猪抗体水平的不一致，导致哺乳仔猪获得的母源抗体水平也不一致。而母猪产仔时间分散，仔猪出生日龄差异大，很难通过集中免疫达到80%的保护率。但批次化生产中每个批次母猪的个体相对固定，可达到80%以上，并且其配种、妊娠、分娩等时间基本一致，可保持母猪免疫状

态一致性，可通过跟胎免疫，达到较高的抗体水平。而同批仔猪出生日龄接近，通过哺乳获得的母源抗体水平也一致，可根据仔猪出生时间进行疫苗免疫，或者通过免疫监测、母源抗体水平监测等确定免疫时间，从而建立更加精准的免疫程序，减少疾病感染风险。采用批次化生产后，同一栋猪舍的猪免疫保护力较连续生产可提升80%，且批次化生产猪场疫苗免疫后抗体水平整齐，可有效保护易感猪群。欧美国家使用全进全出的批次化生产管理模式，大部分猪场实现了对断奶仔猪多系统衰竭综合征（PMWS）的控制，相比连续生产管理模式有较大优势（表7-1）。在非洲猪瘟疫情下，很多复产猪场选择批次化生产模式与此密切相关。

表 7-1　全进全出对猪场成本及生产效率的影响

项目	连续生产	全进全出	差异
死亡损失（%）	7	5	降低 2 个百分点
药费（美元／窝）	9	4.95	减少 45%

资料来源：Timothy Fort，2016。

四、批次化生产可降低因车辆运输带来的疫病感染风险

批次化生产模式下，可降低引种车辆使用和接触频率、降低转场或卖猪车辆接触频率、降低饲料车辆拉料次数、降低死猪拖车频率。批次化生产中，定时输精可提高后备母猪的利用率，减少后备母猪的淘汰和补充，减少引种车辆使用与接触频率，从而降低引种车辆带来的疫病感染风险。而且，批次化生产模式下，断奶仔猪转保育场、保育猪转育肥场可分批次转运，减少转场次数，降低疫病感染风险。另外，传统连续生产模式下猪的体重差异大、饲料种类多、周转次数多，因而运料车与猪舍接触的频率高；实施批次化生产后，同一栋猪舍饲料品种相对单一，可降低饲料车的运料次数。

五、批次化生产可降低人员接触导致的疫病感染风险

猪场接触人员通常包括生产岗位人员、生产区外后勤人员和外来人员。连续生产时，每天都有配种、分娩等工作，猪场采用批次化生产后，根据批次化生产模式，可集中配种、分娩等工作。生产岗位人员的工作有高峰期和平稳期，通常可在平稳期安排人员集中分批休假，休假结束后有充足时间隔离并进行病源检测，降低了生产区内生产岗位人员与外界接触带来的风险。对于生产区外，批次化生产实现了物资的分批次消毒，降低了后勤人员转运物资的频率和间接接触的风险。而且，批次化生产可以实现集中分娩、转群、上市、托养或淘汰处理，降低因人员接触导致的疫病感染风险。

第二节
后备猪引种与转群管理

　　做好后备母猪引种的生物安全管理是猪场内猪群更新、胎次结构调整及疫病净化的关键因素。在非洲猪瘟疫情常态化的情况下，猪场宜采用闭群生产方案，尽可能减少外源种猪携带病原感染猪群的风险。但长期来看，闭群生产对猪场育种条件和水平要求均较高，引进优良后备种猪资源对改善猪群生产性能尤为重要。引进种猪时，需要制定科学合理的生物安全措施，包括健康状况评估、隔离舍准备、隔离驯化及入群前评估等。

一、后备母猪引种生物安全管理

（一）健康状况评估

　　通常包括供种场资质评估、健康状况评估和生产性能评估等。资质评估是指提供后备母猪的供种场须具有种猪生产、经营、管理的相关资质，包括种畜禽生产经营许可证、种畜禽合格证、动物检疫合格证明和种猪系谱证等资质证明材料；如从国外引进后备母猪，须符合国家的相关规定。健康状况评估通常包括猪群临床表现、供种场前两个季度血清学监测报告及各阶段猪成活率，供种场猪群过去半年内重大猪病发生情况及死淘记录，确定无非洲猪瘟、猪繁殖与呼吸综合征、猪伪狂犬病、口蹄疫、猪流行性腹泻及猪传染性胃肠炎等病原，必要时对特定疾病的抗体水平进行相关评估。生产性能评估通常包括产仔数、产活仔数、饲料转化率、有效乳头数、肢蹄质量等指标。确认引种后应及时安排运猪车辆，提前对车辆进行彻底消毒。

（二）隔离舍准备

　　隔离的目的是防止新引入猪群所携带的未知病源入侵原有猪群。引种前，将隔离舍清扫、冲洗、消毒，干燥2周以上备用。后备母猪通常在引种场隔离舍进行隔离1个月以上，如从国外引种，要在指定的隔离地点进行隔离，隔离期至少6周。

（三）隔离驯化

　　到达隔离场后，要少量多次供给种猪清洁饮水，休息6～12h后再供给少量饲料。如出现腹泻、外伤等症状，应及时诊治。隔离期间，相关饲养人员要也需要隔离居住，密切观察猪的临床表现，做好记录，必要时进行病原学检测或实施群体疫苗免疫。对于隔离期间出现临床症状的，应及早介入治疗。此外，隔离观察期间还应做好后备母猪的批次入群准备，用场内淘汰老母猪或粪尿进行接触驯化，免疫接种相关疫苗，对适龄后备母猪提前开展诱情工作，促使母猪建立初情期，做好初情记录。

（四）入群前评估

后备母猪经过 6 周隔离期后，若猪群未出现明显的临床症状，需要进行非洲猪瘟、猪繁殖与呼吸综合征、口蹄疫、猪流行性腹泻及猪传染性胃肠炎等抗原抗体的检测，确认猪群健康后，结束隔离期，并根据批次计划导入批次生产猪群。

（五）引种后备母猪的全进全出

根据批次化生产新猪场的规划设计，后备母猪舍可按两个独立单元设计，可实现引种后备母猪的全进和分批次全出的模式。一批后备母猪经过 2～3 个月的隔离、驯化和性周期同步化后进入分批次生产群，后备猪舍有固定的洗消空栏时间，然后进行下一批引种，可有效降低外来病原传入的风险。

二、转群管理

转群管理是猪场生物安全体系的重要组成部分，传统连续生产方式下，病原很容易在猪群间传播，猪群健康难以保障。批次化生产的突出优势是实现了猪群的全进全出，有固定的空栏时间，便于圈舍及相关设备的彻底清洗消毒，以消灭传染源，避免疫病在不同猪群间交叉感染。而且，批次化生产管理人为地将母猪分成不同批次，在较短时间内集中配种、分娩和断奶，减少猪群流动和混群，同时减少转栏、运输的次数，从而显著提升猪场生物安全水平。

（一）转群管理——全进全出管理

根据批次化生产新猪场的规划设计，产房和配怀舍分单元设计，实现同批次母猪的全进全出，是批次化生产猪场生物安全管理的核心。猪场可根据饲养单元大小，确定饲养数量，实行同批次猪同时进（出）同一猪舍单元。也就是说，批次化生产条件下，猪的转群应以批次为单位进行循环，这样可有效避免不同批次猪群交叉感染。

在传统的连续生产模式下，猪场单元一直处于生产状态，无法做到全进全出，栏舍及配套设备也得不到彻底清洗消毒和有效空栏，不利于疫病净化。生产区始终保持高载量的病原微生物，导致整个猪群始终处于易感染环境。传统连续生产模式下，各生产区始终存在高载量致病病原，对猪群形成严重威胁（图 7-1）；且同一栋猪舍内不同日龄、不同体重的猪混养，极易造成疫病在猪舍内水平传播，给猪场整体生物安全防控带来很大挑战。

全进全出的批次化生产模式可实现每个单元或每个组产房的母猪能够同时下产床或上产床，仔猪能够同时断奶，每个单元或每个组保育舍的保育仔猪能够同时转群，可以留出充足时间对圈舍彻底清洗、消毒与干燥，使致病病原由高载量变为低载量，每批次进行一次循环，这样猪场的致病病原就会始终处于低载量状态，猪群也不易被感染。批次化生产模式下，各生产区的每批次猪群转入前致病病原都处于低载量水平，极大地降低了致病病原对猪群的威胁（图7-2）。前期研究表明，猪场"全进全出"是切断疫病水平传播的重要手段，对猪繁殖与呼吸综合征、猪瘟、伪狂犬、非洲猪瘟等重大传染病的净化具有明显改善效果。

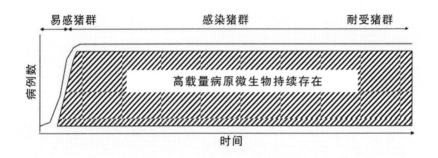

图 7-1 传统连续生产模式下猪舍病原微生物存在情况
注：传统连续生产模式下猪舍不能彻底洗消，病原微生物持续存在

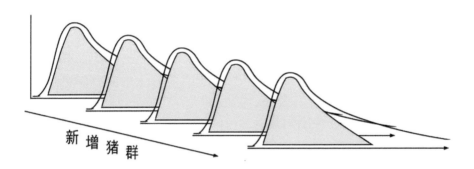

图 7-2 批次化生产模式下病原载量分布情况
注：批次化生产模式下猪舍能彻底洗消，洗消后猪群进前及出后病原微生物载量最小

（二）转运管理

根据批次化生产新猪场的规划设计，全封闭式猪群转群通道可实现产房、配怀舍、后备母猪舍、保育舍和育肥舍的有效连接，同时不同区域可安排不同人员分别负责转运，禁止人员跨区域或交叉作业。猪群转运结束后，转群通道进行彻底清洗和消毒。另外，猪群在转运过程中，禁止将出舍猪返回场内，以降低生物安全风险。

第三节
批次化生产消毒管理

环境控制是猪场防疫工作的重要措施之一。通过卫生消毒保持猪场内清洁卫生，降低场内病原体的密度，净化生产环境，为猪群建立良好的生物安全体系，促进猪群健康，减少疾病发生，对提高养猪生产效益具有重要作用。由于传统连续生产模式下，猪群、车辆和相关物资频繁调动，相关区域很难进行彻底消毒干燥，给猪场生物安全防控带来了不利影响。在猪场实行批次化管理的情况下，人员、物资、猪群等得到统一的管理。批次化生产中物资可以集中消毒进场，猪场人员可以统一安排休假隔离，最大限度地对猪场的各个区域进行彻底消毒，从而避免出现疫病交叉感染的现象，有效提高了猪场的生物安全管理水平。

一、消毒周期

（一）产房与配怀舍消毒周期

1. 产房消毒周期　产房单元化为母猪批次分娩和全进全出奠定了硬件基础，也为制定产房周转制度和洗消等措施提供了可能。产房单元数是批次化生产分批实施和周转制度运行的关键参数，产房单元数过少不能保证产房正常周转和清洁消毒的顺利进行；产房单元数过多则导致不必要的资源浪费。因此，只有合理确定产房单元数，才能确保产房正常而高效周转。产房单元数通常由产房周转周期和批次间隔决定，产房周转周期包括母猪提早进产房待产期、哺乳期和断奶后产房洗消。简约式批次化生产条件下，同批次母猪因配种期不能精准确定，时间跨度较大，为 4～7d，使得母猪进产房待产期拉长，减少了洗消时间；而精准式批次化生产条件下，母猪进产房待产期和哺乳期均有明确的时间。不同周批次化生产模式下产房洗消时间参数见表 7-2。

表 7-2　不同周批次化生产模式下产房洗消时间参数（d）

项目	批次化生产模式							
	1周批A1	1周批A2	1周批B1	1周批B2	2周批	3周批	4周批	5周批
产房周转周期	28	35	35	42	28	42	28	35
产房单元数（个）	4	5	5	6	2	2	1	1
待产期	3	7	3	7	3	7	3	7
洗消时间	4	7	4	7	4	7	4	7

从表 7-2 可见，当实行 1 周批批次模式时，洗消期时间不同，产房单元数也不同，各场可根据本场采用的洗消操作方法及其效果，结合产房单元数及哺乳期时间，科学设定洗消时间。洗消时间过长会造成不必要的浪费，过短则达不到灭菌效果。

如果实行非整周批次化生产模式，产房洗消时间参数见表 7-3。

表 7-3　非整周批次化生产模式产房洗消时间参数（d）

项目	批次化生产模式					
	9d批	10d批	11d批	12d批	18d批	36d批
产房周转周期	36	30	33	36	36	36
单元数（个）	4	3	3	3	2	1
待产期	3	3	3	3	3	3
哺乳期	25	21	24	25	25	25
洗消时间	8	6	6	8	8	8

2. 配怀舍消毒周期　配怀舍依次处于后备母猪或繁殖异常母猪提前入住期、哺乳母猪断配期、妊娠期和清洁消毒期等阶段，并且这些阶段持续于母猪整个繁殖生产周期，因此配怀舍周转周期的时间实际上等于繁殖周期。根据母猪批次化生产新猪场规划设计建议，一次转群模式下，配怀舍批次间洗消参数见表 7-4。

表 7-4　一次转群模式不同周批次化生产模式下妊娠舍批次间洗消参数　（d）

项目	批次化生产模式							
	1周批A1	1周批A2	1周批B1	1周批B2	2周批	3周批	4周批	5周批
周转周期	140	140	147	147	140	147	140	140
后备母猪或繁殖异常母猪提前入住期	21	21	21	21	21	21	21	21
断配期	5	5	5	5	5	5	5	5
进产房的妊娠天数	111	107	111	107	111	107	111	107
洗消时间	3	7	10	14	3	7	3	14

后备母猪和繁殖异常母猪需要提前进配怀舍，这一区域洗消时间短；而断奶母猪要推迟21d进配怀舍，该区域洗消时间长。对简约式批次化生产而言，妊娠母猪比精准式批次化生产需更早进产房，这样总体洗消时间更长。

（二）猪转群专用通道的消毒周期

传统连续生产模式存在诸多不确定性，由于生产不均衡，使猪转群次数也不确定，这就可能导致连续几天都必须转群，可能造成对转群专用通道消毒不及时或不充分。而猪转群专用通道又是猪场内部病原存在数量和种类最多的地方，如果对其无法进行充分彻底的消毒、烘干、空置，则会对猪场生产带来很大威胁。猪场通过实施批次化生产管理，生产实现均衡化，可以确定猪转群时间间隔。猪转群通道在转猪后也马上洗消。无论是简约式还是精准式批次化生产，不同周批模式下母猪提前进产房和断奶都固定，而后备母猪和繁殖异常母猪转群至配怀舍与断奶母猪比较正好间隔21d，与断奶后转群时间同为周四。哺乳21d和28d的1周批母猪每周都有2次转群，转群通道在猪转群前后进行洗消。

哺乳21d的1周批母猪提前3d进产房，清洁消毒4d，每周不同批次的母猪其中一批上午转产房，另一批下午断奶，都经过2次转群后，其转群通道洗消时间间隔分别为3d和4d。2周批、4周批、5周批母猪转群后的洗消时间间隔均不会少于1周批。

哺乳28d的1周批母猪提前7d进产房，清洁消毒7d，每周不同批次的母猪在同一天有2次转群后，其中一批上午转产房，并马上清洁消毒1次；另一批下午断奶，其转群通道下次转产房和断奶的洗消时间间隔为7d。若清洁消毒时间大于7d，产房消洁消毒时最多有2个产房是空栏状态，这样相应的配怀舍或妊娠舍需要增加1个单元。3周批与哺乳28d的1周批类似，也是提前7d进产房，出产房后清洁消毒7d，相邻2批母猪进产房分别为第1周和第4周，而出产房分别为第5周和第8周，不在同一周内转群，2次转群间隔转群通道至少有1周的清洁消毒时间。

多周批生产模式，猪转群间隔时间长，这样就可以对转群专用通道进行彻底清洗、消毒、烘干、空置，空置时间越长则病原数量和种类就越少，也就越有利于猪场内部的生物安全防控。

二、消毒管理

圈舍是猪群生长和生产的重要场所，也是细菌病毒容易滋生繁殖的场所。圈舍环境病原微生物的含量高低直接关系到猪群能否健康生长。猪群的批次化生产和全进全出为圈舍的环境清扫、消毒提供了有利条件和空栏机会，生产线圈舍消毒分为圈舍空栏消毒和圈舍日常消毒。消毒的目的主要是净化环境中的病原微生物，为猪群提供良好的生长环境。

（一）圈舍空栏消毒管理

批次母猪转群后空出的圈舍在进猪前应进行清理和消毒，一般可按下列顺序进行处理：

（1）收集整理用具，取下保温灯、风机百叶窗，切断设备电源。

（2）彻底清除舍内的残料、垃圾、粪污。

（3）清洗舍内设备、用具，先用高压水枪冲洗一遍，再用清洁消毒型泡沫剂均匀覆盖圈内栏舍和用具（具体使用浓度参见产品说明书）至少保持 15 min 以上，以便使附着的有机物松散。然后，使用高压热水（2～4 MPa，60℃）进行彻底冲洗干净。做好此项工作，可以降低相关环境表面 95% 以上的有害微生物。

（4）用广谱消毒药彻底消毒空舍所有表面，干燥 24h，通常空置 5～7d，空置低于 5d 的，消毒后用热风干燥。

（5）注意消毒方法或消毒剂应交替使用。

（二）圈舍日常消毒管理

在批次生产过程中，圈舍的环境很容易滋生病原微生物，日常的消毒必不可少。通常每周一次对圈舍进行消毒，消毒药可选用 1：200 过硫酸氢钾、1：200 戊二醛、1：1 000 百毒杀、0.1% 新洁尔灭、0.1%～0.2% 过氧乙酸溶液等喷雾消毒。消毒方法或消毒剂应交替使用。消毒结束后要及时填写消毒记录，留档复查。

（三）转群专用通道消毒管理

批次化生产过程中，每批次猪群进行转移后，对所有的转群专用通道需要进行清扫消毒。封闭的转群通道的消毒同圈舍消毒管理措施；开放的转群通道具体操作通常如下：

（1）清扫地面所有猪粪，且不能随意丢弃，应集中堆积发酵处理。

（2）用高压水枪冲洗地面，冲洗过程中注意道路夹缝和死角存留的猪粪。

（3）用 10%～20% 的石灰乳 +5% 的烧碱溶液进行地面白化覆盖。

（4）及时填写消毒记录表，方便日后跟踪追查。

第四节
人员流动管理

批次化生产将断奶、转群、发情鉴定、配种、分娩、接产、免疫等其中的一项工作，集中在较短的时间内完成，而且间隔分明、管理有序，既有利于猪场生物安全水平的提升，又可提高管理效率和员工福利。因此，批次化生产条件下，猪场人员流动管理发生了明显的变化。

一、批次化生产条件下人员工作特点

批次化生产的过程因单一工作集中，可以使配种、分娩等工作分配以周为单位固定下来，除集中工作的时间外，其他时间段只有饲养员一人工作，既可提高工作效率，又能减少人员在猪舍内的流动，进而减少病原的机械性传播。

二、配种、接产人员管理

传统连续生产方式下，经产母猪断奶后或后备母猪达到了适配日龄或体重后，需要每天对母猪进行两次查情，对出现静立反应的母猪做好标记，等待配种。然而对规模猪场而言，每天两次查情造成人员的工作量和劳动强度过大，严重影响人员的其他正常工作。猪场执行批次化生产管理可实现母猪发情可控，使母猪排卵时间更集中，保证查情时间集中在停喂烯丙孕素后几天之内，这就可以按照统一时间进行人工输精，不仅节省人员日常发情鉴定的工作量，而且可以提高工作效率。设计多条生产线的猪场，可以避免每条生产线的配种、分娩日期重叠，这样配种和接产人员就可以在固定时间、固定生产线工作。人员在不同生产线之间转移前，需要在场内隔离 $1 \sim 2d$。

三、人员的休假管理

猪场大多处于偏僻地区，生产人员一年四季没有空闲时间，更没有假期，人员福利无法保障，让年轻人难以适应，这对养猪人才的更新及行业的持续发展极为不利。非洲猪瘟在我国暴发之后，很多猪场出于生物安全考虑，实施了场内人员完全封闭的管理模式，难以与家人团聚，这对人员的乐业度产生了不利影响，势必会造成人才的流失。但是，在猪场实施了批次化生产尤其是大周批批次模式之后，可将原来每天或每周都需要执行的查情、配种、接产、断奶、保育等工作，集中于短时间内完成，改变了生产的无序性和人员无休息日的现状，让工作变得有计划性和可预知性。以 5 周批为例，猪场每 5 周进行一次集中配种（分娩）工作，前后 2 个批次之间有 30d 以上相对空闲的时间。在该时间段内，相关负责人可以安排配种舍（分娩舍）的一部分工作人员集中休假，休假时间可以增加至 10d 甚至更多，只留少部分人员开展日常简单的饲养、防疫等工作即可。这不仅增加了人员的乐业度，还可以减少人才的流失，为猪场的稳定发展提供了良好的条件。与此同时，分批休假也方便返场时的集中隔离，降低了每天都有人员休假返场所带来的生物安全风险。

第五节
物资管理

  猪场物资主要包括生产物资、生活物资以及其他物资。所有物资须由相关负责人进行申报、审批、采购，统一管理，未经批准任何人不得私自购买。生产物资和生活物资应该分不同仓库进行保存管理，避免交叉，以免造成生物安全隐患。

一、物资申报

  生产、生活物资须由生产主管、后勤主管根据批次化生产需要或生活需要，在不影响生产或生活的前提下，提前申报，填写申请单（表7-5），由仓库管理员统一汇总、核对，无误后由生产主管、后勤主管签字确认。仓库管理员签字确认后，厂区负责人签字审批，交予采购部进行按时、按质、按量的采购。

表 7-5　物资采购申请单

编号：　　　　　　　　　　　　　　　　　　　　　　　　　年　　月　　日

序号	物料名称	规格	厂家	数量	单位	库存	计划到货日期	备注
1								
2								
3								
4								
5								
申请原因：								
申请部门	部门领导			采购经理				
	仓库管理员			总经理				

二、物资消毒及入场

  所有物资入场前，必须经过严格的消毒。

（一）兽药疫苗与常规药品的入场管理

生物制剂（疫苗等）以及对温度有严格要求的药品，入场前去除外包装，采用消毒药物擦拭或消毒药物浸泡 5～10min 后，用泡沫箱等保温转运工具转入仓库冰箱中储存；其他常规药品去除外包装后，使用臭氧或化学药物熏蒸消毒，然后转入仓库储存。

（二）饲料及原料入场管理

猪场饲料通常包括妊娠料、哺乳料、仔猪料、保育料、公猪料等，因不同阶段饲料配方中所需的饲料原料不同，不可避免地增加了饲料及原料生物安全风险管控的难度。应注意避免从疫区购买饲料原料并确保无病原污染；避免饲料中添加猪源性饲料添加剂，如血清蛋白粉、动物性油脂等，使用或更换为植物性原料。此外，袋装饲料要求厂方在生产过程中增加 2 层包装，中转下车和入库前分别脱包，入库后经熏蒸消毒保存备用；散装饲料在场区外经管道输送进入中转仓，禁止散装饲料车进入场内，以降低疫病传入风险。

（三）生活物资入场管理

生活物资要做到集中采购，经臭氧或熏蒸消毒处理后入场，尽量减少与外界接触的频率。在食材选取方面，偶蹄类家畜生鲜及其制品禁止入场，禽类和鱼类食材无血水或高温处理做成半成品，蔬菜和瓜果类食材无泥土黏附。所有食材经食品消毒剂处理后方可入场。

（四）设备入场管理

所有设备必须经彻底消毒后方可运入场内，但消毒时要保证设备的安全，须采用合理的消毒方式，如金属设备不能用氯制剂消毒，否则会造成腐蚀，缩短设备使用寿命。

（五）其他物资入场管理

其他物资拆掉外包装，根据不同材质进行消毒剂浸润、臭氧熏蒸、化学熏蒸或整体高温消毒，而后转入库房进行统一管理。

三、物资领用管理

批次化生产中，所需物资在生产前做好领用准备，按照数量、规格进行领用，并填写物资领用申请单（表7-6），经由相关部门负责人审批后，交予仓库管理人员管理物品。物资领用后，核对数量、规格，确认无误后，进行保管、使用。

表 7-6　物资领用申请单

领用车间：　　　　　　　　　　　　　　　　　　　　　　　　　年　　　月　　　日

序号	物料名称	规格	数量	备注
1				
2				
3				
4				
5				
申请人：　　　　　部门主管：　　　　　仓库管理员：				

四、仓库消毒

仓库是猪场物料的集中存放地。一般采购的物料经消毒后存放于此，领用人员、仓库保管人员等每天都会在此地汇集，极有可能对物品造成二次污染。基于此，须在合理的时间范围内对仓库进行消毒。因为仓库内保存了大量不同性质的物品，每件物品的消毒方式均不同，所以仓库的消毒一般采用臭氧熏蒸消毒。每当仓库进新物资时，都需要对仓库进行熏蒸消毒。

通常在每天下班后，由仓库保管人员使用臭氧发生器进行消毒，仓库须密闭，设定消毒时间为 6～8h。第 2 天上班后通风换气，避免对人员造成伤害。

第六节
疫病防控管理

近年来，我国养猪业发展迅速，规模化水平不断提升，但仍面临着疫病多发、病源复杂、防控压力大等困难，疫病防控是提高猪场生物安全和健康管理的又一重要环节。本节重点对猪场的免疫程序与保健方案、病死猪无害化处理、风险动物防控等进行了阐述。

一、免疫程序或保健方案调整

免疫接种是猪场生物安全防护体系中的一道重要防线，包括先天性免疫（或非特异性免疫）和后天性免疫（或特异性免疫）两类，后天性免疫包括主动免疫和被动免疫两种类型。

其中疫苗免疫是最重要的主动免疫，是猪场生物安全的有效保障措施。

猪场免疫效果受疫苗种类、免疫时机、免疫次数、接种方式、猪群健康等多种因素影响，应根据监测结果结合本场和本地区疫病流行情况，制定科学的免疫程序，并实时调整与修订，使疫苗免疫效果达到最佳。

免疫效果评估的指标主要包括合格率、离散度等，不同抗体检测试剂盒其评判标准也存在一定差异。一般情况下，当抽样数量满足统计学意义时，如果群体免疫合格率高、抗体离散度低，表明免疫效果较好，免疫程序可以不做调整；而如果阶段性免疫合格率低、抗体离散度高，则要结合样品背景分析可能原因，并确定是否需要对免疫程序做出适当调整，同时应再次安排采样进行评估。

批次化生产为免疫程序优化和疫病净化带来了契机，各类猪舍的单元化设计、母猪群的相对固定、洗消间隔的保证、人员流动的减少等因素，可持续提高猪群健康水平。

二、病死猪无害化处理

2017年7月农业部（现农业农村部）印发了《病死及病害动物无害化处理技术规范》（农医发〔2017〕25号），介绍了焚烧法、深埋法、化学处理法、生物降解法等多种无害化处理办法，猪场可根据所在地畜牧兽医管理部门的要求来执行，使处置对象更规范、处置方法更细化。为病死及病害动物和相关动物产品无害化处理，彻底消灭其携带的病原体提供了依据。

在国内环保法规要求下，部分使用焚烧处理的猪场一般在政府指定无害化处理场进行，由猪场设立专用冻库，用于暂放病死猪及相关动物产品。政府建立猪保险申报以及病死猪收集、运输和处理等体系，配合无害化处理APP进行监管。猪场对出保的病死猪及相关动物产品，利用APP填写线上资料、收集图片及保险耳标录入等，再由政府监管人员进行线上审核；审核通过后，暂放冻库以防疾病传播及高温腐败等；无害化处理公司派专人、专车按无害化处理程序，在监管部门的现场复核后，将病死及病害动物和相关动物产品托运至指定无害化焚烧厂进行焚烧。这种处理方法也是目前大型规模猪场较为主流的处理办法之一，其优点为处理风险较小，利于环保的同时也利于政府监管。

国内一些散养户及小型猪场使用深埋法相对较多，在符合当地法规的前提下，选择远离居民区、水源等地，通过深挖坑道后铺放生石灰，将病死及病害动物和相关动物产品托运至坑道内，用生石灰或烧碱覆盖后，再进行土方覆盖。同时部分猪场也采取了多种处理办法并举，通过配备高温发酵无害化处理设备和生物堆肥发酵技术，将病死及病害动物和相关动物产品通过粉碎后，加入稻壳或木屑等，通过微生物发酵，借助外源加热技术高温降解，起到消毒灭菌的作用，同时形成生物肥料。

病死猪的无害化处理，对提升猪场和大环境的生物安全水平具有重要意义。

三、风险动物防控

对猪场生产构成威胁的风险动物通常有啮齿类（鼠、松鼠等）、节肢动物（蚊蝇、跳蚤、软蜱等）、鸟类、猫、犬、野猪等，发现后应及时驱赶，禁止其在猪场内部及猪场周围出现。

（一）猪场外围风险动物控制

猪场四周修建 3m 以上的实体围墙，不能有缺口、低矮墙体等；大门平时保持关闭状态，且选用密闭式大门，与地面缝隙保持在 1cm 以内；禁止种植攀墙植物；环绕场区建设围墙，防止出现缺口；加强巡视，如发现漏洞及时修补。

（二）防鸟措施

为保障猪场生物安全，通常将距离场区围墙 100m 内的所有鸟巢拆除，并在场区周围鸟类聚集区安装防鸟网；场内要重点关注料塔及与外界连通的孔道，通常每个料塔及附近安装 1～2 个驱鸟器；猪舍与外界联通的孔道等安装铁纱窗；及时清理场内散落的饲料和生活垃圾，防止招引鸟类。

（三）防鼠措施

鼠类是威胁猪场生物安全的主要动物之一，传播非洲猪瘟等病原的危险性较大。通常需要在物流消毒通道入口、洗澡通道入口、病死猪出口等所有与外界连通的区域安装高度不低于60cm 的挡鼠板，且与围墙压紧无缝隙。各类舍内外管道需要安装钢编网，防止鼠类进出。注意及时清理散落的饲料和生活垃圾，规范处理病死猪，防止招引鼠类（刘云鹏，2020）。另外，猪场应该定期开展鼠害调查和灭鼠工作。

（四）防蚊蝇措施

通常在洗消中心、隔离区、生活区及各栋猪舍活动窗户上安装纱窗，在相关区域悬挂捕蝇灯和粘蝇贴，定期喷洒杀虫剂。

（五）防节肢动物措施

猪舍内缝隙、孔洞是蜱虫的藏匿地，发现后可向内喷洒杀蜱药物（菊酯类、脒基类），并用水泥填充。

（六）防猫、犬措施

猪场内禁止饲养猫、犬等宠物；生活垃圾、病死猪无害化处理必须规范，防止招引猫、犬；定期检查猪场各出入口、排水沟和围栏等，如有缺失或损坏应及时修补，防止外界猫、犬进入场区。

第八章
母猪批次化生产考核管理

　　母猪的繁殖效率受到猪场诸多生产管理要素的影响，包括后备母猪培育、配种、妊娠、分娩、哺乳、营养、环境调控、疫病防控等，各个生产管理环节密切配合，才能综合提高母猪繁殖力。母猪批次化生产与传统连续生产相比，参与母猪生产及管理的人员分工和职责有很大的不同，考核指标也有不少差异，且考核指标必须遵循提高母猪繁殖效率优先原则，同时也要优化岗位人员的管理效率与猪场资源的利用效率。本章将介绍母猪批次化生产主要考核指标、人员分工和考核管理。

第一节
母猪批次化生产主要考核指标

母猪的繁殖生产效率取决于母猪繁殖节律与每窝的产仔成活情况。评价母猪繁殖节律的指标是母猪年产仔窝数，主要包括母猪群的发情率、配种率、受胎率、分娩率等不同繁殖环节生产指标；评价母猪每窝产仔成活情况的指标是母猪窝均断奶仔猪数，主要包括母猪窝均产活仔数、健仔率、断奶成活率等繁殖指标。相关母猪繁殖指标还包括：后备母猪的情期启动率、母猪更新率、母猪非生产天数、母猪背膘达标率、仔猪初生重等，以及母猪批次化生产特有的生产管理指标。

一、母猪群体综合生产管理指标

（一）每头母猪年提供断奶仔猪数

每头母猪年产断奶仔猪数（PSY）是母猪繁殖力和猪场管理能力的综合体现，是母猪批次化生产效率的综合性指标。PSY 与母猪年产仔窝数、窝产活仔数（或健仔数）、哺乳仔猪死亡率密切相关。因此，PSY 少并不一定代表母猪繁殖能力差，但 PSY 多则母猪繁殖能力肯定好。我国 PSY 的平均水平不到 20 头，管理良好的规模化猪场在 20～26 头，而欧美发达国家通常在 28 头左右，尤其是丹麦，可达 30 头以上。

PSY 的计算中，断奶仔猪通常不包含畸形、病、弱、体重过轻等不合格仔猪。母猪数除了已配种的后备母猪和所有经产母猪外，还要把超过规定配种日龄尚未配种的后备母猪计算在内。对于母猪批次化生产而言，计划纳入本批次繁殖的后备母猪全部统计在内。

PSY 是一个年度指标，计算复杂。用管理软件计算时，只要把超过规定的配种日龄后备母猪也计算在能繁母猪数内即可。非管理软件计算时可采用简单方式计算：PSY= 年产合格断奶仔猪数 ÷ 年度能繁母猪平均存栏数。值得注意的是，PSY 没有反应母猪整个生命周期的产出效率，或未能反映母猪的繁殖寿命，过分强调 PSY 可能会导致母猪淘汰率过高，更新成本上升。

（二）母猪年更新率

母猪年更新率是后备母猪分娩数占能繁母猪数的比例，母猪年更新率的控制更多是疫病防控的需要，其次是降低后备母猪更新成本的需要，对猪场疫情防控和降低成本有重要意义。我国由于疫病防控压力大，常把母猪年更新率控制在 30%～45%。而欧美发达国家，疫病防控压力小，常把母猪年更新率控制在 50%～60%，以提高 PSY。

批次化生产时，母猪年更新率是一个年度指标：

母猪年更新率 = 年后备母猪妊娠数 ÷ 年度能繁母猪平均存栏数 ×100%

（三）母猪非生产天数

通常母猪非生产天数（NPD）是指母猪没有妊娠、没有哺乳的天数，包括发生流产的无效妊娠天数。具体而言，NFD 来自断奶母猪的断奶至发情间隔天数、后备母猪适配时间至配种的间隔天数、配种后返情再配的前后配种间隔天数、流产再配的前后配种间隔天数、失去种用价值被淘汰或死亡的母猪所浪费的天数。

关于后备母猪的 NFD 计算问题，过去生产中，许多猪场对后备母猪的培育不够重视或不够专业，后备母猪推迟发情或不发情是一个普遍的问题，增加了非生产天数。在批次化生产中，后备母猪是有严格补充计划的。如果较多的后备母猪本批次未能配种受胎，势必影响母猪批次化生产的组织实施；另外，超过适配日龄的后备母猪不淘汰，会增加大量饲养天数，每增加一天 NPD，综合成本约增加 35 元，每减少一天 NPD 除了节约成本外，还能产生一定经济效益。因此，从经济管理的角度，后备母猪超过适配日龄而没有配种的天数也应计入NPD。年度非生产天数的计算公式如下：

非生产天数（d）=365 −（妊娠期 + 哺乳期）× 每年每头母猪产仔胎数

（四）分娩目标达成率

批分娩目标和年分娩目标达成率说明年生产目标的实现程度，一方面说明生产管理的计划性，另一方面体现对固定资产的有效利用和生产效益，其中批分娩目标达成率又说明生产是否均衡，二者用百分率表示。其计算公式如下：

批分娩目标达成率 = 批分娩数 ÷ 批产床数 ×100%

年分娩目标达成率 = 年分娩总数 ÷ 年产批数 ÷ 批产床数 ×100%

二、母猪各繁殖环节的生产管理考核指标

（一）后备母猪管理考核指标

1. 初情期启动率 适配日龄前出现初情期的后备母猪是其进入正常繁殖的重要标志，后备母猪的管理目标是配种前有 1～2 个情期，即在第 2～3 个情期配种。与连续生产相比，实行批次化生产时，后备母猪管理时段有显著的区别，若 240 日龄开始配种，后备母猪培育

管理要提前进入同期化技术处理或定时输精技术处理，在技术处理前完成初情期启动率的考核。初情期启动率计算公式如下：

初情期启动率 = 有情期后备母猪数 ÷ 引种数（或留种数）×100%

2. 背膘厚度达标率　后备母猪 P2 点背膘厚度管理直接关系到后备母猪发情率，太胖或太瘦都影响发情，通常后备母猪的 P2 点背膘厚度为 13～15mm。背膘厚度达标率体现管理员的饲喂责任心，其计算公式如下：

背膘厚度达标率 = 背膘厚度达标母猪数 ÷ 后备母猪总数 ×100%

3. 利用率　后备母猪利用率是指在规定配种时间段内，后备母猪配种并妊娠分娩的头数与后备母猪引种数或留种数之比。这一概念中，一要规定开配日龄标准，二要规定淘汰日龄标准，即规定时间段的利用效率。

我国不少猪场的问题是一方面对后备母猪培育不够重视，另一方面又过分强调提高利用率，使大量超龄后备母猪不被淘汰，增加了饲养天数。关于开配日龄标准各养殖场可根据品种、饲养管理等情况自行确定，通常为 240～260 日龄。在批次化生产时，由于采用同期发情技术，同时又考虑到需要高质量后备母猪才能进入繁殖群的原则，后备淘汰日龄在开配日龄的基础上再加 30d。利用率计算公式如下：

后备母猪利用率 = 后备母猪分娩数 ÷ 后备母猪引种数或留种数 ×100%

（二）配种管理考核指标

除第四章第一节中所述批次母猪受胎率和分娩率外，配种管理考核指标还包括母猪窝产总仔数和返情检出率。这两项指标均与配种员悉心操作和技能水平有关。提高返情检出率可以减少 NPD，国外返情检出率一般可达 66%，而我国返情检出率偏低，一方面因为配种员查情的责任心不强，另一方面由于考核配种分娩率的导向问题，配种员即使查到母猪返情，也因返情配种分娩率低而不愿意配种。母猪窝产总仔数和返情检出率计算公式如下：

窝产总仔数 = 每批母猪分娩的总仔数 ÷ 批分娩母猪数 ×100%
返情检出率 = 返情母猪数 ÷ 未孕母猪数 ×100%

（三）妊娠管理考核指标

妊娠管理的好坏直接影响妊娠分娩率、窝产活仔数（健仔数）、木乃伊数、初生重，也与母猪分娩时的乳腺发育和背膘厚度相关。窝产木乃伊多少和妊娠分娩率直接关系到繁殖效率，而良好的乳腺发育有利于提高哺乳仔猪成活率和断奶窝重。母猪背膘厚度适中一方面有利于顺产，另一方面也有利于减少哺乳期间失重。哺乳期间失重的减少，又利于断奶发情，尤其是有助于减少二胎综合征，产前 P2 点背膘厚度应控制在 22～23mm。相应的考核指标为妊娠分娩率、产活仔（健仔）率、初生窝重、断奶窝重和产前背膘厚度达标率。其计算公式如下：

妊娠分娩率 = 分娩母猪数 ÷ 妊娠母猪数 ×100%

产活仔（健仔）率 = 产活仔（健仔）总数 ÷ 总产仔数 ×100%

木乃伊率 = 木乃伊总数 ÷ 总产仔数 ×100%

初生窝重 = 初生仔猪总重 ÷ 分娩母猪数

断奶窝重 = 断奶仔猪总重 ÷ 分娩母猪数

产前背膘厚度达标率 = 产前背膘厚度达标母猪数 ÷ 产前母猪总数 ×100%

（四）产房管理考核指标

产房管理直接与分娩过程的死胎数、哺乳期仔猪死亡率、断奶窝重以及母猪的断奶背膘厚度和断奶发情率相关。分娩过程的死胎数、哺乳期仔猪死亡率和断奶窝重体现的是生产效益，母猪断奶背膘厚度体现产房管理的好坏，失重过多则影响后续的断奶发情率。产房母猪助产比例过高，未及时处理产道炎症等，也会影响断奶发情率。相应的考核指标为死胎率、哺乳期仔猪死亡率、断奶窝重、断奶背膘厚度达标率和断奶发情率，其计算公式如下：

死胎率 = 死胎数 ÷ 分娩总仔数 ×100%

哺乳期仔猪死亡率 = 哺乳期死亡仔猪数 ÷ 分娩健仔数 ×100%

断奶背膘厚度达标率 = 断奶背膘厚度达标母猪数 ÷ 断奶母猪总数 ×100%

断奶 7d 内发情率 = 断奶 7d 内发情母猪数 ÷ 主动淘汰后断奶母猪总数 ×100%

第二节
母猪批次化生产岗位的考核

绩效评估和对标管理是掌握猪场的运营及生产状态的重要手段。作为猪场管理制度的重要组成部分——绩效与薪酬挂钩的考核制度，对于规范养殖生产和管理的各个环节、发挥员工的聪明才智、提高养猪水平、提高劳动效率、控制生产成本是至关重要的。

与连续生产相比，母猪批次化生产工作更集中，后备母猪培育、配种、妊娠和分娩各岗位既有分工又有相互合作，各岗位工作质量相互影响，因此考核指标存在相互交叉。母猪批次化生产猪场由生产场长全面负责生产，根据分工不同，下设后备母猪管理、配种管理、妊娠管理、接产管理和产房管理岗位。

一、生产场长考核

在现代批次化生产猪场里，为了提高猪场的繁殖成绩，可设生产场长全面负责繁殖管理工作，其职责为统筹和协调母猪批次化生产管理各环节，达到批分娩目标和年分娩目标，并做到均衡生产，使猪场批次化生产产能最大化；控制母猪年更新率，做好后备母猪补充计划；建立合理的母猪和仔猪免疫程序，提高免疫合格率；监督落实批次化生产中各项操作，总结分析解决批次化生产中出现的问题，保证批次化生产顺利实施。考核方案的制定要明确生产场长的职责，提高其工作的积极性，进一步增加猪场的经济效益。

（一）生产场长的考核指标

根据生产场长的职责和任务，其最重要的考核指标是 PSY，次要指标是母猪年更新率和分娩目标达成率。

（二）生产场长考核方案

生产场长参考考核方案见表 8-1。

表 8-1　生产场长参考考核方案

项目	考核指标		
	PSY（A）	分娩目标达成率（B）	母猪年更新率（C）
权重	60 分	30 分	10 分
参数	22～30 头	95%～100%	30%～45%
得分	40～60 分	20～30 分	6～10 分
总得分（D）=A+B+C			

考核方案说明：PSY 既要解决母猪多生，也要解决母猪少死，是繁殖生产需要实现的目标，可根据母猪品种和现有生产水平设定。有计划地组织生产，并达成分娩目标是提高 PSY 的基础；母猪年更新率关系到猪群的胎龄结构问题，受疫情影响，在疫情稳定的基础上，适当增加年更新率，以提高母猪群体繁殖效率。

二、后备母猪管理员考核

后备母猪是建立高效繁殖母猪群的基础，后备母猪的培育管理直接影响发情配种等后续工作的效果。后备母猪管理员负责后备母猪的培育管理，最重要的工作是初情期启动的管理，管理目标是在饲喂烯丙孕素进行发情周期同步化之前出现 1～2 个发情期，可提高批次受胎率；既要加强饲喂管理，控制好日龄与体重之间的平衡，又要使同批次母猪体重均衡，并提高背膘厚度达标率。

（一）后备母猪管理员的考核项目

根据后备母猪管理员的职责和任务，其最重要的考核指标是母猪初情期启动率，其次是批次受胎率和背膘厚度达标率。

（二）后备母猪管理员考核方案

后备母猪管理员参考考核方案见表 8-2。

表 8-2　后备母猪管理员参考考核方案

项目	考核指标		
	初情期启动率（A）	后备母猪批次受胎率（B）	背膘厚达标率（C）
权重	60 分	20 分	20 分
参数	80%～90%	80%～95%	80%～95%
得分	40～60 分	20～30 分	6～10 分
总得分 (D)=A+B+C			

考核方案说明：各指标可根据猪场现有生产水平设定。

三、配种员考核

批次化生产时，短期内配种工作量大，配种员作为这项繁殖技术的主要实施者，其工作职责包括烯丙孕素的饲喂、相关生殖制剂的使用、采精及精液处理与保存、查情配种、妊娠检测。发情调控、精液质量管理、查情和配种都直接影响批次受胎率和窝产总仔数，而提高批次受胎率是达到批分娩目标的基本保证。

（一）配种员在批次化生产中的考核指标

根据配种员的职责和任务，对于母猪批次化生产，其最重要的考核指标是批次受胎率而不是配种妊娠率，其次为窝产总仔数和返情检出率。

（二）配种员考核方案

配种员参考考核方案见表8-3。

表8-3　配种员参考考核方案

项目	考核指标		
	批次受胎率（A）	窝产总仔数（B）	返情检出率（C）
权重	50分	30分	20分
参数	80%～90%	12～15头	50%～70%
得分	30～50分	20～30分	12～20分
总得分 (D)=A+B+C			

考核方案说明：窝产总仔数可根据母猪品种和现有生产水平设定；1周批和3周批时，返情母猪可直接进入批次化生产，应考核返情检出率。

四、配怀舍管理员考核

配怀舍管理员负责妊娠母猪的饲养和管理，既要保证母猪的妊娠和仔猪初生重，减少流产和死胎，又要通过合理的饲喂程序，保证母猪乳腺的发育，提高母猪分娩前的背膘厚度达标率。

（一）配怀舍管理员的考核指标

根据配怀舍管理员的职责和任务，首先保证母猪妊娠是配怀舍管理员最重要的任务，即保证妊娠分娩率，其次是仔猪的初生窝重和母猪分娩前背膘厚度达标率。

（二）配怀舍管理员考核方案

配怀舍管理员参考考核方案见表8-4。

表 8-4　配怀舍管理员参考考核方案

项目	考核指标		
	妊娠分娩率（A）	初生窝重（B）	背膘厚达标率（C）
权重	50 分	30 分	20 分
参数	95%～98%	12～16kg	85%～95%
得分	30 ～50 分	20～30 分	15～20 分
总得分 (D)=A+B+C			

考核方案说明：初生窝重可根据母猪品种和现有生产水平设定。

五、接产员考核

在批次化生产中，由于分娩数量多而集中，接产员和产房管理员工作需要分开，由接产员负责接产工作。接产工作直接关系到分娩过程中死胎数，也关系到子宫内膜炎的发病率和产后仔猪的活力，也会影响母猪断奶后发情和哺乳仔猪的死亡率。

（一）接产员考核指标

根据接产员的职责和任务，首先最重要的考核指标是分娩过程中死胎率，其次是哺乳期仔猪死亡率和断奶后 7d 发情率。

（二）接产员考核方案

接产员参考考核方案见表 8-5。

表 8-5　接产员参考考核方案

项目	考核指标		
	分娩过程中死胎率（A）	哺乳期仔猪死亡率（B）	断奶后7d发情率（C）
权重	60 分	20 分	20 分
参数	3%～5%	3%～6%	85%～95%
得分	40～60 分	15～20 分	12～20 分
总得分 (D)=A+B+C			

考核方案说明：各指标可根据猪场现有生产水平设定。

六、产房管理员考核

在批次化生产中，产房管理员除了接产工作外，还负责产房所有的管理工作，这些工作直接关系到哺乳仔猪的生长速度和死亡率，也关系到哺乳母猪的失重程度，从而间接影响母猪断奶后发情。

（一）产房管理员的考核指标

根据产房管理员的职责和任务，首先最重要的考核指标是哺乳仔猪死亡率，其次是仔猪断奶窝重和母猪断奶后 7d 发情率。

（二）产房管理员考核方案

产房管理员参考考核方案见表 8-6。

表 8-6　产房管理员参考考核方案

项目	考核指标		
	哺乳仔猪死亡率（A）	断奶窝重（B）	断奶后7d发情率（C）
权重	50分	25分	25分
参数	3%～6%	40～50kg	85%～95%
得分	38～50分	15～25分	15～25分
总得分 (D)=A+B+C			

考核方案说明：各考核指标可根据猪场现有生产水平设定。